SketchUp 2019 室内效果图设计

缪丁丁　林科炯　编著

机械工业出版社

本书以 SketchUp 2019 为蓝本,从实际工作出发,选取一些高效、简洁、实用的操作技巧作为内容知识点,并将家装业中重要及关键的经验心得分享给读者朋友,帮助大家用较短的时间学到专业实用的室内效果图设计的表现技法,快速达到设计师的水平。

本书共 10 章,内容包括设计前的准备,门窗的制作,背景墙、酒柜、鞋柜的制作,吊顶和地面的制作,模型导入和相机视图的创建,V-Ray for SketchUp 渲染技能,效果图灯光设计,工装的构图与夜景灯光设计,新中式居住空间效果图制作,酒店大堂效果图制作。

本书主要面向室内设计人员、在校大学生以及其他初、中级室内效果图设计人员,对于 SketchUp 和 V-Ray 高手来说也具有一定的参考价值。

图书在版编目(CIP)数据

SketchUp 2019 室内效果图设计/缪丁丁等编著. —北京:机械工业出版社,2020.12
ISBN 978-7-111-67306-4

Ⅰ. ①S⋯　Ⅱ. ①缪⋯　Ⅲ. ①室内装饰设计-计算机辅助设计-应用软件
Ⅳ. ①TU238.2-39

中国版本图书馆 CIP 数据核字(2021)第 014970 号

机械工业出版社(北京市百万庄大街 22 号　邮政编码 100037)
策划编辑:李晓波　　责任编辑:李晓波
责任校对:张艳霞　　责任印制:孙　炜
保定市中画美凯印刷有限公司印刷

2021 年 2 月第 1 版·第 1 次印刷
184mm×260mm·20.75 印张·510 千字
0001-1500 册
标准书号:ISBN 978-7-111-67306-4
定价:139.00 元

电话服务　　　　　　　　　网络服务
客服电话:010-88361066　　机　工　官　网:www.cmpbook.com
　　　　　010-88379833　　机　工　官　博:weibo.com/cmp1952
　　　　　010-68326294　　金　书　网:www.golden-book.com
封底无防伪标均为盗版　　机工教育服务网:www.cmpedu.com

前　言

　　自小起，笔者就一直对各式漂亮的房屋着迷。由于大学所学的是环境艺术设计专业，让笔者有机会接触到了称为"设计师电子笔"的 SketchUp，它带给笔者绘图体验上的喜悦。从好奇到尝试，从尝试到习惯，笔者注定与 SketchUp 结缘。

　　学习三维建模更多的是需要读者对计算机绘图逻辑的理解，就像是一个带锁的箱子，如果没有钥匙便无法打开，恰好 SketchUp 就是那把打开箱子的钥匙。

　　本书主要从 3 个方面来介绍这把钥匙。

　　1. 易懂

　　对于环境艺术设计、室内设计等专业的读者来说，本书及配套视频教程将帮助您迈开设计之路的第一步，这也是极为重要的一步。通过掌握 SketchUp 实用建模及设计技能，将大大提高您的就业能力和同业竞争力。

　　本书及配套视频可以帮助零基础的新手快速步入 SketchUp 室内设计的大门，也能让室内设计从业人员提高建模技能。帮助他们在工作中高效利用 SketchUp，提高设计水平。

　　2. 实用

　　越来越多的室内设计公司都要求从业者会用 SketchUp。因此，熟练掌握 SketchUp 是广大室内设计从业人员就业或择业的必备技能。

　　由于工作的原因，笔者经常会组织面试或对新员工进行 SketchUp 培训，他们在设计上普遍会存在各种各样的问题，其根本原因是没有真正理解 SketchUp 底层建模思路。基于此，笔者撰写本书，不仅能够帮读者熟练操作 SketchUp，而且还能结合 V-Ray 完成室内效果图的设计。所以，无论您是室内设计的求职者，还是室内设计的从业者，本书都能给您的设计梦想插上翅膀，助您腾飞。

　　3. 丰富

　　对于初学者，首先要有充分的信心。本书在内容安排上是从零基础入门，逐步进阶，难易适中，配有全套的视频教程，学习过程中并不会感到枯燥吃力。同时，也为读者提供了学习交流群（关注微信公众号：吉大设计教育），群内的学习资料（包含本书的素材文件）也是满满的干货，群里有多位老师为您的学习提供帮助，让您的设计学习之路并不孤独。

　　感谢您选择本书，书中如有疏漏之处，请广大读者不吝赐教。

缪丁丁

目　　录

第 01 章   设 计 前 的 准 备

> 古语云："不积跬步，无以至千里"。特别是零基础的读者，必须从基础的技能学起，把设计前的准备工作做好。而且不能靠蛮力，必须善用巧劲，做到实劲真抓，巧劲善用。
>
> 在本章中，笔者为读者讲解设计前的准备工作，也包括一些高效实用的基础技能。同时，笔者根据多年设计经验为读者提炼出知识要点，四两拨千斤，让读者的设计工作变得更加轻松、简便和高效。

1.1   SketchUp 和 V-Ray 的安装

SketchUp 和 V-Ray 是一对搭档，SketchUp 负责模型的创建，V-Ray 负责材质的赋予和模型的渲染，让设计师的灵感与想法变成立体模型，直观、美观和逼真地呈现在领导或是客户眼前。接下来讲解这两个软件的安装过程。

1.1.1 SketchUp 2019 安装

SketchUp 2019 是谷歌公司推出的一款 3D 建模软件，英文全称是 SketchUp Pro 2019（下文简称 SketchUp 2019），读者可以从描绘线条和形状开始，推拉平面将其转换为 3D 形式。接着通过拉伸、复制、旋转和着色等操作制作出理想的 3D 模型。

下面为读者演示 SketchUp 2019 的安装流程。

第 01 步：下载 SketchUp 2019 安装程序，然后在其上双击运行安装，如图 1-1 所示。

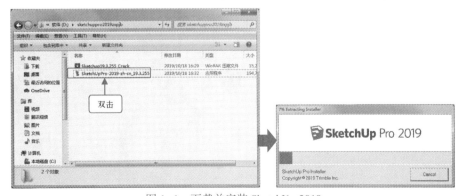

图 1-1   下载并安装 SketchUp 2019

第 02 步：在打开的对话框中单击"安装"按钮，安装 Visual C++ "14"运行库（×64）组件，如图 1-2 所示。

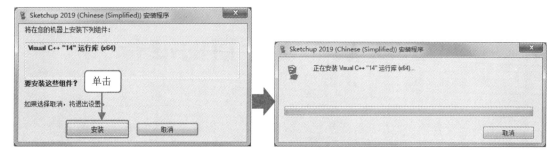

图 1-2　安装 Visual C++ "14"运行库（×64）组件

第 03 步：在打开的对话框中单击"下一个"按钮，安装 SketchUp 2019，在打开的对话框中选择默认安装路径，单击"下一个"按钮，如图 1-3 所示。

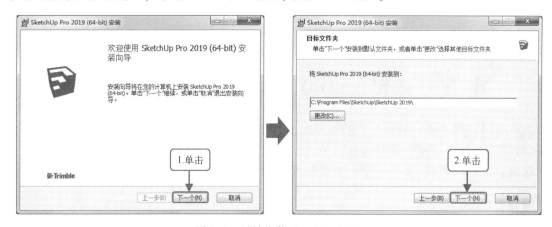

图 1-3　继续安装 SketchUp 2019

第 04 步：在打开的对话框中单击"安装"按钮，让计算机自动安装 SketchUp 2019，如图 1-4 所示。

图 1-4　安装 SketchUp 2019

第 05 步：单击"完成"按钮，在打开的窗口中双击 SketchUp 2019 快捷启动图标，如图 1-5 所示。

图 1-5　完成安装并启动 SketchUp 2019

第 06 步：在打开的对话框中选中"我同意《SketchUp 许可协议》"复选框，然后单击"继续"按钮，在打开的对话框中单击"添加典型许可证"超链接，如图 1-6 所示。

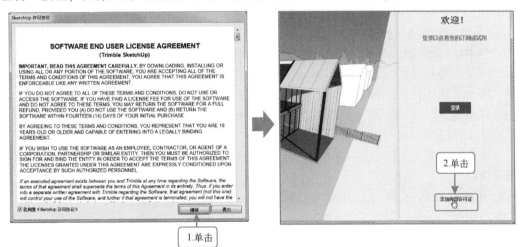

图 1-6　同意 SketchUp 许可协议

　　　如果读者已经注册了 SketchUp 账户或已有试用账号，可单击"登录"按钮，在打开的对话框中填写邮箱和密码登录。

第 07 步：在打开的对话框中单击"添加许可证"按钮，填写或将许可证信息复制并粘贴到对应的文本框中，然后单击"添加许可证"按钮，如图 1-7 所示。

　　　每一个 SketchUp 许可证号都是唯一的，而且不能重复使用，只能一人使用。其他人想再次使用该许可证号将是无效的或将得到该许可证号已被使用的提示。

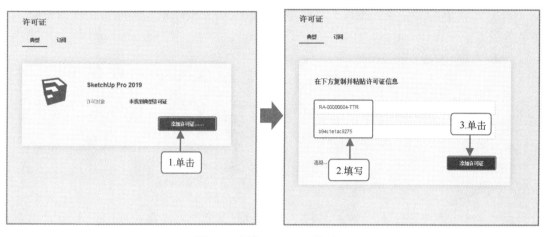

图 1-7　添加 SketchUp 许可证

1.1.2 V-Ray 3.4 的安装

　　要对 SketchUp 建模图形进行渲染、材质赋予、材质 ID 制作等，都需要安装专用的渲染器——V-Ray。它的安装不是简单的双击安装程序，而是需要两个主要步骤和一个补充步骤。主要步骤是：英文版安装和汉化。补充步骤是：在没有正式购买 V-Ray 前，可以申请 30 天的试用码，否则会出现图 1-8 所示的无法正常使用 V-Ray 的提示对话框。

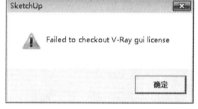

图 1-8　V-Ray 无法正常使用

　　下面按照申请试用码→英文版安装→汉化的顺序依次展开讲解。

　　1. 申请 V-Ray 的 30 天试用码

　　第 01 步：打开搜索引擎，输入网址 https://www.chaosgroup.com/cn，在打开的网页中单击 "V-RAY FOR SKETCHUP" 图标按钮，如图 1-9 所示。

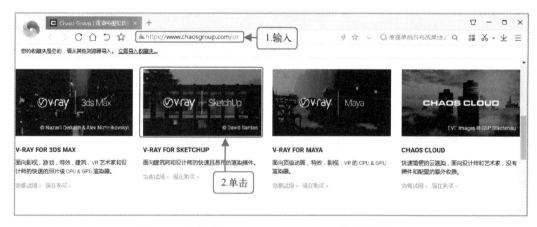

图 1-9　单击 "V-RAY FOR SKETCHUP" 图标按钮

第 02 步：在打开的网页中单击"免费试用"按钮，如图 1-10 所示。

图 1-10 单击"免费试用"按钮

第 03 步：在打开的"CREATE ACCOUNT"对话框中输入对应的信息，单击"NEXT"按钮，在打开的"ALMOST THERE"对话框中输入对应的信息和验证码，单击"CREATE ACCOUNT"按钮，如图 1-11 所示。

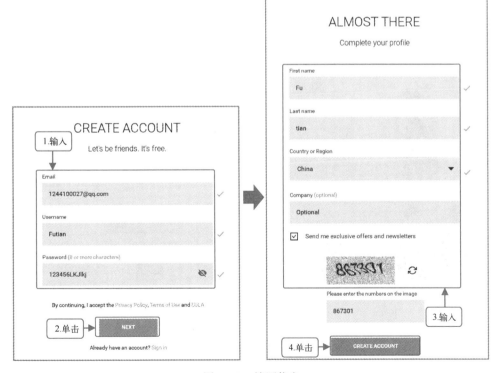

图 1-11 填写信息

第 04 步：在打开的对话框中提示注册成功的验证信息已发送到上面填写的邮箱中，单击邮箱中的超链接或 "ACTIVATE ACCOUNT" 按钮进行激活验证，如图 1-12 所示。

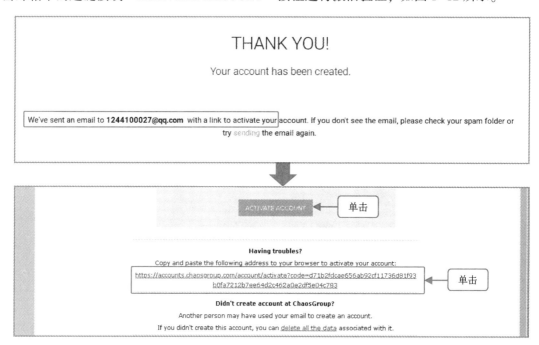

图 1-12　单击邮箱中的超链接或 "ACTIVATE ACCOUNT" 按钮

第 05 步：系统自动打开 V-Ray 的登录对话框，在其中填写注册的账号（Username）和密码（Password），单击 "SIGN IN" 按钮登录，等待 V-Ray 官方审核通过即可，如图 1-13 所示。

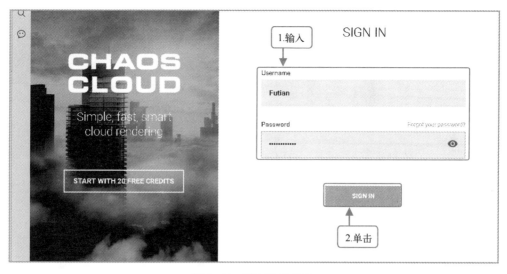

图 1-13　填写登录信息

2. 安装英文版 V-Ray

第 01 步：在 V-Ray 安装包中双击 V-Ray_adv_34004_sketchup_win_EN 安装程序，如

第 03 步：在打开的对话框中选中"SketchUp 2019"复选按钮，单击"Install Now"按钮，如图 1-16 所示。

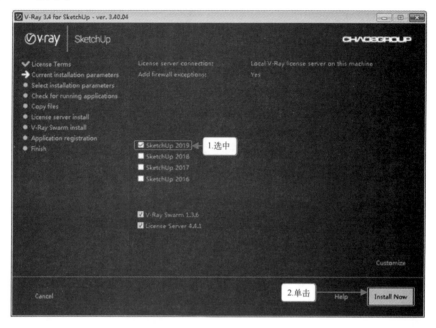

图 1-16　选择 SketchUp 2019 版本

第 04 步：在打开的对话框中显示 V-Ray 安装进度并自动打开另一协议对话框，单击"I Agree"按钮，如图 1-17a、b 所示。

图 1-17　安装 V-Ray

a）V-Ray 安装进度显示

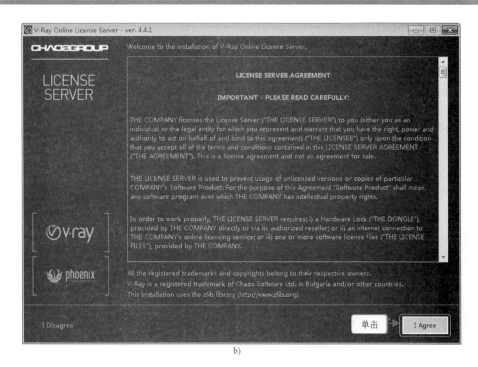

b)

图 1-17　安装 V-Ray（续）

b）同意另一协议

第 05 步：在打开的对话框中单击"Install Now"按钮，继续安装，如图 1-18 所示。

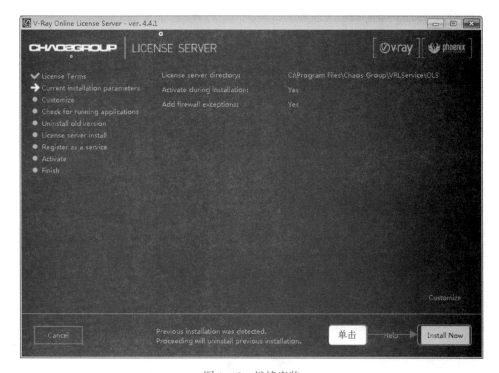

图 1-18　继续安装

第 06 步：在打开的对话框的"User Name"和"Password"文本框中输入相应的信息，然后单击"Activate"按钮，如图 1-19 所示。

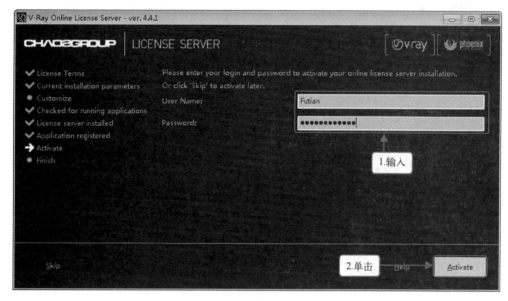

图 1-19　输入 V-Ray 用户名（User Name）和密码（Password）

第 07 步：在打开的对话框中提示"等待用户同意协议"，并自动打开协议对话框，单击"I Agree"按钮，如图 1-20 所示。

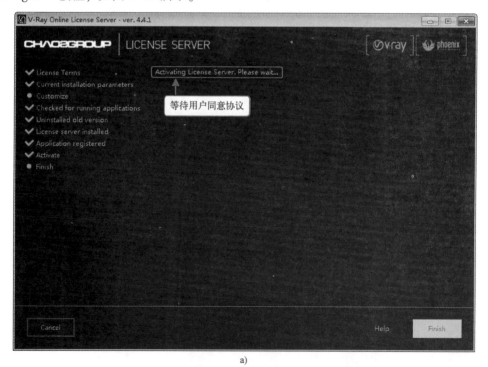

a)

图 1-20　继续安装 V-Ray

a）提示"等待用户同意协议"

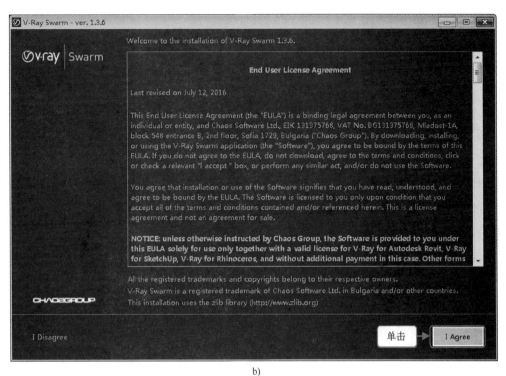

b)

图 1-20　继续安装 V-Ray（续）

b）同意另一协议

第 08 步：在打开的对话框中选择安装位置，单击"Install Now"按钮，如图 1-21 所示。

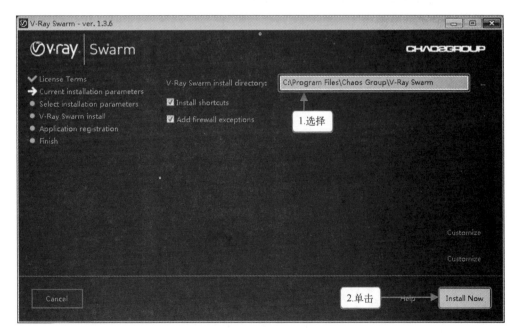

图 1-21　选择安装位置

第 09 步：在打开的对话框中单击"Finish"按钮，完成安装，如图 1-22 所示。

图 1-22　完成安装

3. 汉化 V-Ray

第 01 步：在 V-Ray 安装包中双击 V-Ray_trial_34004_sketchup_win_zh-CN 安装程序，如图 1-23 所示。

第 02 步：在打开的对话框中选中"我同意此协议"单选按钮，单击"下一步"按钮，如图 1-24 所示。

图 1-23　安装汉化版 V-Ray

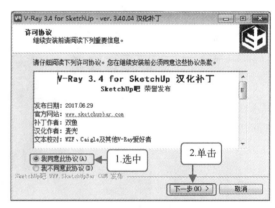

图 1-24　同意协议并安装

第 03 步：在打开的对话框中单击"安装"按钮，安装完成后在打开的对话框中单击"完成"按钮，如图 1-25 所示。

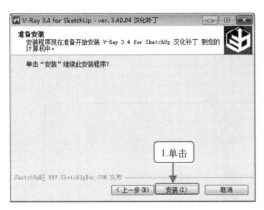

图 1-25　安装完成

1.2　SketchUp+V-Ray 和 3ds Max+V-Ray 效果图的区别

建筑设计和室内的效果图设计主要分为两种软件组合：SketchUp + V - Ray（也称 SketchUp 工作流）和 3ds Max+V-Ray（也称 3D 工作流），很多新手读者不清楚自己应学习哪一种。虽然这两者之间没有绝对优劣，但也有一定的区别，主要表现在以下几个方面，供读者参选。

1. 定位不同

SketchUp 工作流定位于方案推敲和前期创意表现，可以很直观地为客户展示空间关系、颜色搭配和绘制材料标识等，如图 1-26 所示。

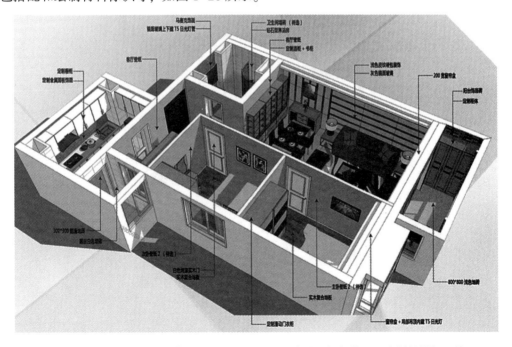

图 1-26　SketchUp 可以直观地为客户展示空间关系、颜色搭配和绘制材料标识等

3ds Max+V-Ray 主要用于成品/成果表现，方案设计师前期把施工图画好后，会将其打包给渲染工作室或是公司完成效果图的制作。

因此，可简单地理解为：SketchUp 工作流更适合方案设计师，3D 工作流更适合渲染工作室或公司。

> 由于 V-Ray3.0 出现后，发生了革命性的变化（材质方面），方案设计师同样可以制作效果图，因为系统提供了很多内置材质，可以大大缩短出图时间。

2. 操作习惯不同

SketchUp 工作流和 3D 工作流在操作上最明显的区别在于：SketchUp 工作流操作较为智能，体验感更符合方案的制作、推敲和打磨，但专业领域不太清晰，插件、软件和模型都是建筑类的，偏向园林景观；而 3D 工作流的灯光光感和材质的质感优势很明显，专业领域非常清晰。

3. 工作流程不同

SketchUp 工作流具有实时性，模型一旦完成施工图也同步完成，如图 1-27 所示。

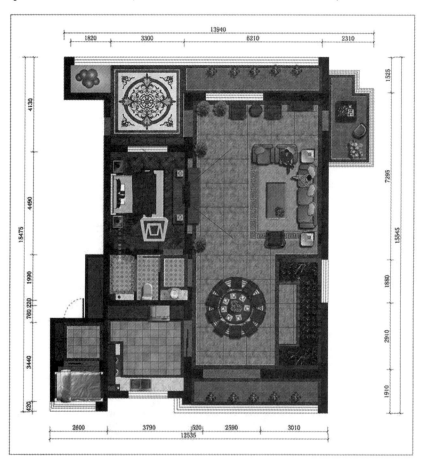

图 1-27　SketchUp 工作流程的同步性

而 3D 工作流不具有实时性质，施工图一旦出现变动整个效果图也需进行对应修改。

4. 对计算机硬件配置要求不同

SketchUp 工作流的建模面数相对较少，对计算机硬件配置要求相对较低。而 3D 工作流，创建的模型是多面的、精细的，对计算机硬件配置要求较高。

1.3 SketchUp 工作环境的设定

本节笔者结合实际设计经验，为读者分享一些 SketchUp 的必备插件和功能，为建模和渲染的知识学习做好准备工作并夯实基础，把 SketchUp 工作环境设定完善。

1.3.1 插件安装和调用

SketchUp 是一款比较简单的软件，通过灵活设置快捷键可以显著提高工作效率。同时，掌握一些使用技巧也是为了方便快速地作图。我们先掌握一个技巧：插件。这里精选 4 款插件：坯子助手插件、1001 建筑插件、橱柜门插件和轮廓放样插件，安装它们基本能满足室内效果图设计的要求。

在安装它们之前，首先需要安装"坯子库管理器"。安装方法非常简单，只需下载"坯子库管理器"安装程序，双击打开，然后按向导操作即可轻松完成安装，如图 1-28 所示。

图 1-28　安装"坯子库管理器"

基础工作已经做好，下面依次展示安装 4 款插件的方法。

1. 安装坯子助手插件

第 01 步：在"坯子库管理器"面板中单击坯图标，打开"坯子库"窗口，在搜索栏中输入"助手"，在弹出的下拉选项中选择"PiziTools/坯子助手/SU 助手"，如图 1-29 所示。

第 02 步：在选择的坯子助手页面中单击"一键安装：pizitools_1.50"按钮，安装坯子助手插件，如图 1-30 所示。

提示 找不到已安装的"坯子库管理器"和"坯子助手 1.50"插件，怎么办？

如果已安装"坯子库管理器"和"坯子助手 1.50"，但在 SketchUp 工具箱中找不到对应的工具图标，可能是因为没有将其加载显示。只需单击系统窗口的"视图"菜单，选择

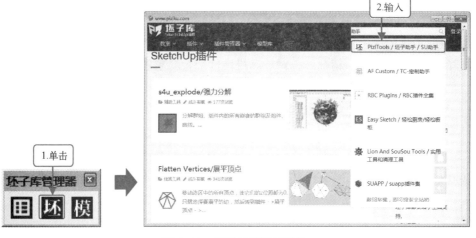

图 1-29　搜索坯子助手插件

图 1-30　安装坯子助手插件

"工具栏"命令,在打开的"工具栏"对话框的"工具栏"列表框中选中"坯子库管理器"和"坯子助手 1.50"复选按钮,然后关闭"工具栏"对话框即可,如图 1-31 所示。

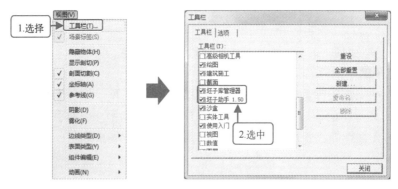

图 1-31　调出显示已安装的"坯子库管理器"和"坯子助手"插件

2. 安装 1001 建筑插件

在"坯子库"窗口的搜索栏中输入"建筑",在弹出的下拉选项中选择"1001 bit Tools/

"1001 bit 建筑工具集"，在搜索页面中选择自己所需的版本即可，如图 1-32 所示。

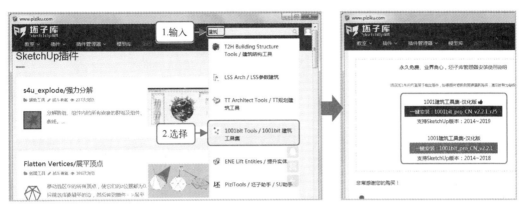

图 1-32　安装 1001 建筑插件

3. 安装橱柜门插件

在"坯子库"窗口的搜索栏中输入"橱柜门"，在弹出的下拉选项中选择"GKWare-Doormaker/橱柜门"，在搜索的页面中选择自己所需的版本即可，如图 1-33 所示。

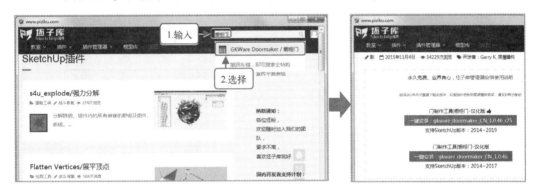

图 1-33　安装橱柜门插件

4. 安装轮廓放样插件

在"坯子库"窗口的搜索栏中输入"轮廓放样"，在弹出的下拉选项中选择"Profile Builder 2 /轮廓放样 2"，在搜索页面中选择自己所需的版本即可，如图 1-34 所示。

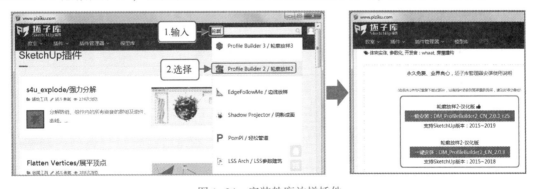

图 1-34　安装轮廓放样插件

1.3.2 "默认面板"设置

在"默认面板"中读者可以及时查看图形相关信息，便于模型的修改、设置等操作。如画一个矩形并进行拉伸，在面板中可以看到对应的参数信息，包括图层位置、面积等，如图 1-35 所示。

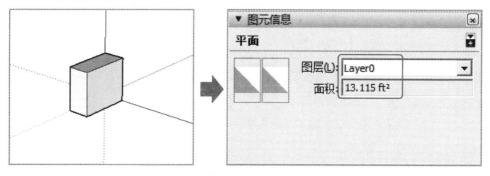

图 1-35 "默认面板"中的图元信息

若"默认面板"被隐藏可将其显示，只需单击"窗口"菜单，选择"默认面板"→"显示面板"命令，如图 1-36 所示。

若要锁定"默认面板"，只需单击面板右上角的"锁定"按钮 📌，如图 1-37 所示。

图 1-36 显示"默认面板"

图 1-37 锁定"默认面板"

另外，"默认面板"有多个命令，根据笔者多年设计经验，常用的命令有 4 个：图元信息、材料、图层和阴影。

使用 SketchUp 进行室内效果图设计，需要调出 4 类常用工具：大工具集、V-Ray、轮廓放样和图层。

1.3.3 "模型信息"设置

"模型信息"分 11 类，包括"版本信息"尺寸"单位""地理位置""动画""分类"

"统计信息""文本""文件""渲染""组件"。每一类都有相应的效用，但不用逐一设置，大多数类保持默认不变或是微调即可。其中，有两个类的设置需要注意：一是"单位"，二是"统计信息"。

前者主要是"单位"参数的设置：将"长度单位"选项组的"格式"设为"十进制"、单位为 mm、"精确度"改成 0 mm、"角度单位"选项组的"启用角度捕捉"为 45，如图 1-38 所示。

后者主要是清除未使用项：在"统计信息"选项卡中单击"清除未使用项"按钮进行清理，如图 1-39 所示。

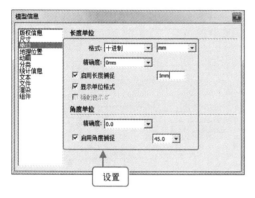

图 1-38　设置"单位"参数

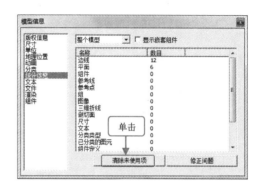

图 1-39　单击"清除未使用项"

1.3.4　"SketchUp 系统设置"

"SketchUp 系统设置"要点主要有两个方面：一是"OpenGL"（显卡运行），二是"常规"中"自动保存"时间设置。将显卡运行的"多级采样消除锯齿"参数设置为 0，让软件的运行速度更快一些，如图 1-40 所示。将"常规"中"自动保存"时间更改为"每 20 分钟保存一次"，如图 1-41 所示。

图 1-40　设置显卡运行的"多级采样消除锯齿"参数

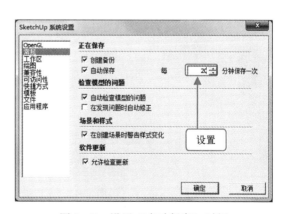

图 1-41　设置"自动保存"时间

1.3.5 快捷键的设置

快捷键的设置包含三个方面：一是快捷键的指定；二是快捷键的导出；三是快捷键的导入。读者如能灵活掌握它们，就能快速提高 SketchUp 的操作快捷性，有助于提高工作效率。

1. 快捷键的指定

虽然 SketchUp 中的功能有默认的快捷键，但不一定都适合自己，读者可以根据自己的操作习惯对相应功能进行快捷键的指定设置。以为"孤立隐藏"设置快捷键为〈`〉键为例，为读者展示相关的操作方法。

第 01 步：单击"窗口"菜单选择"系统设置"命令，打开"SketchUp 系统设置"对话框，选择"快捷方式"选项，在"过滤器"文本框中输入"孤立"，在"功能"选项框选择"拓展程序/辅助工具/孤立隐藏"选项，如图 1-42 所示。

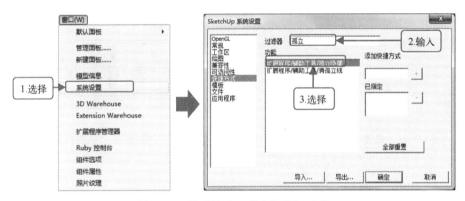

图 1-42　快速搜索"孤立隐藏"功能

第 02 步：在"添加快捷方式"文本框中输入"`"，单击 + 按钮，将〈`〉键指定为"孤立隐藏"的快捷键，单击"确定"按钮，如图 1-43 所示。

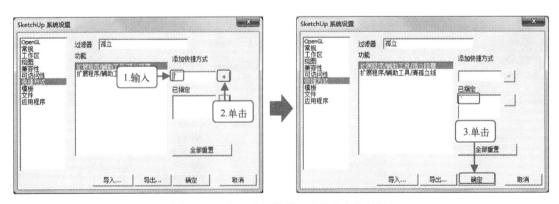

图 1-43　为"孤立隐藏"功能指定快捷键

第 03 步：制作一组模型，然后选择圆柱体，按〈`〉键，除选择的圆柱体外其他模型随之被隐藏，如图 1-44 所示。

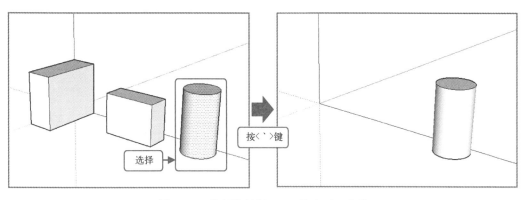

图 1-44　使用快捷键〈`〉快速孤立隐藏

 提示 设置快捷键原则。

为指定功能设置快捷键时，尽量结合 AutoCAD 或 3ds Max 的使用习惯，因为这样方便记忆，如在 SketchUp 中偏移快捷键并不是〈O〉键，但在 AutoCAD 中是〈O〉键，因此可将偏移设置成〈O〉键；〈F3〉键在 3ds Max 中是线框和实体切换的快捷键，读者在 SketchUp 中也可进行这样的设置；3ds Max 中顶视图快捷键是〈T〉键，SketchUp 中也可将其设置为〈T〉键等。

2. 快捷键的导出

SketchUp 设置快捷键后，会默认保存到当前计算机中，更换计算机后又需手动设置指定功能的快捷键，不仅费时还费力，耽搁工作进度。此时，读者可以将已设置好的快捷键方案导出保存，以便在其他计算机导入，操作方法如下。

在"SketchUp 系统设置"对话框中选择"快捷方式→扩展程序/辅助工具/孤立隐藏"，单击"导出"按钮，在打开的"输出预置"对话框中设置导出文件的保存位置和名称，然后单击"导出"按钮，如图 1-45 所示。

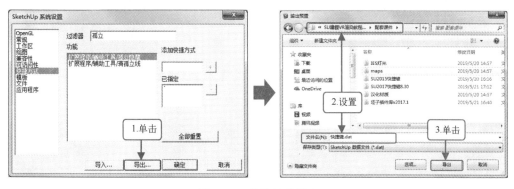

图 1-45　快捷键的导出

3. 快捷键的导入

读者可以直接导入快捷键的使用方案（某些中文版本可能不支持快捷键导入），以快速完成快捷键的指定设置，操作方法如下。

在"SketchUp 系统设置"对话框中单击"导入"按钮，在打开的"输入预置"对话框中选择快捷键方案，单击"导入"按钮，如图 1-46 所示。

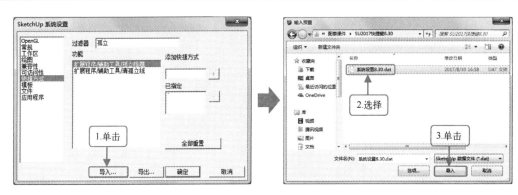

图 1-46　快捷键的导入

1.3.6　常用功能的快捷使用

使用 SketchUp 进行高效的室内设计操作时，一定要熟知常用功能的快捷使用方式，因为它能很大程度地提高操作速度和工作效率。下面将对常用功能的快捷使用方式进行分别介绍。

1. 对象多样选择

在 SketchUp 中对象选择的方式分为：123 击选、框选、多选和减选。

1）123 击选：单击选择单线或单面，如图 1-47 所示。双击选择相关联的线和面，如图 1-48 所示。3 击选择整个独立的个体，如图 1-49 所示。

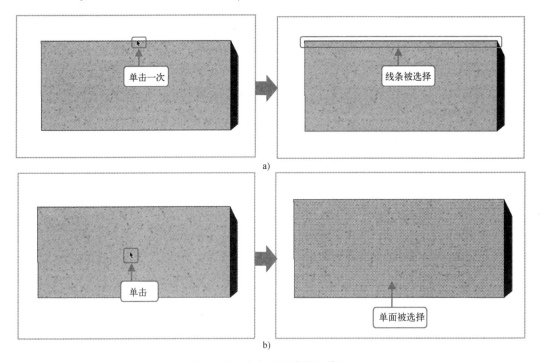

图 1-47　单击选择单线和单面

a）单击选择单线　b）单击选择单面

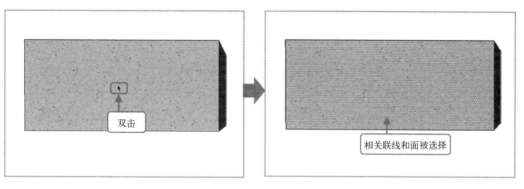

图 1-48　双击选择相关联的线和面

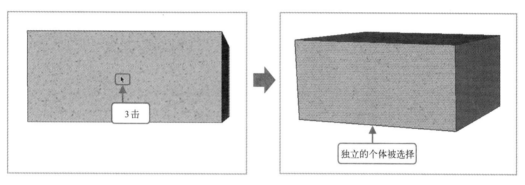

图 1-49　3 击选择整个独立的个体

2）框选：按住鼠标左键不放拖动鼠标选择对象（框线内的对象，无论是个体、线还是面都被选择），如图 1-50 所示。

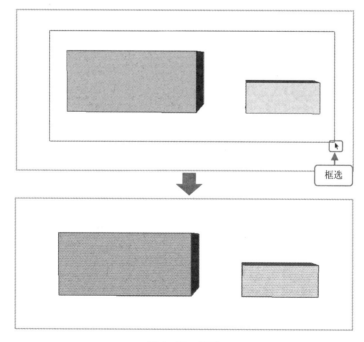

图 1-50　框选

3）加选：已选择对象时，若要加选其他对象，只需按住〈Ctrl〉键，同时框选需要加选的对象，如图1-51所示。

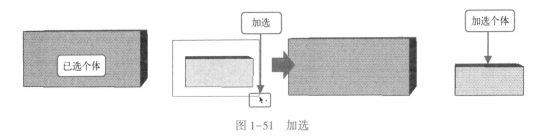

图1-51　加选

4）减选：在已选的多个对象中减去某一个或多个对象时，只需按住〈Shift〉键，同时选择要减选的对象即可，如图1-52所示。

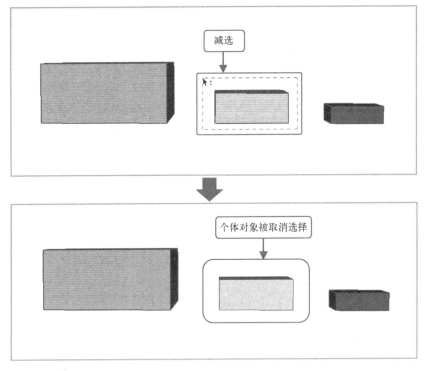

图1-52　减选

2. 移动和复制

对模型位置的移动可直接按〈M〉键启用"移动"功能，然后进行各个方向的移动，如图1-53所示。

按住〈Shift〉键进行移动时，模型会按指定方向轴进行移动。

在模型移动的过程中，若按住〈Ctrl〉键则会移动复制模型，如图1-54所示。

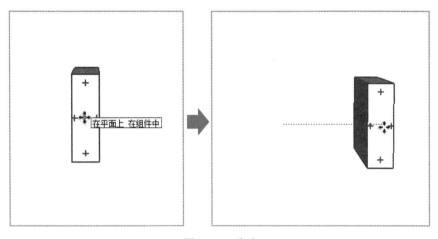

图 1-53　移动

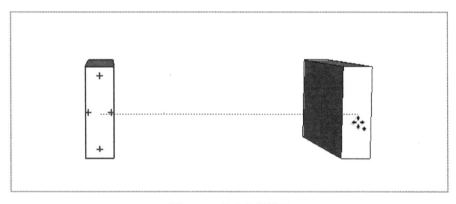

图 1-54　移动复制模型

在复制模型后，直接输入"/数字"，则会自动生成矩阵效果，如输入"/3"，SketchUp会自动生成 4 个模型个体的矩阵效果，如图 1-55 所示。

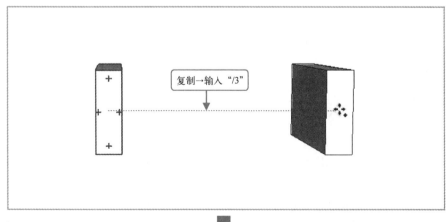

图 1-55　生成矩阵效果

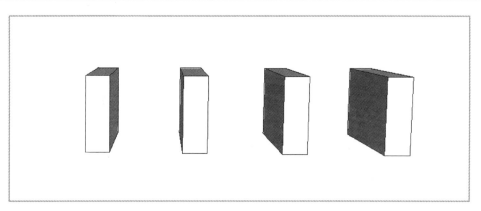

图 1-55　生成矩阵效果（续）

还可以用输入"＊数字"或是"数字＊"的方式生成矩阵效果，如输入"＊3"，
SketchUp 沿着复制方向自动复制 3 个模型，如图 1-56 所示。

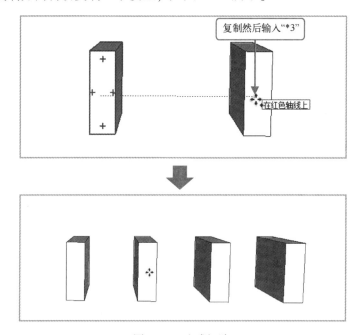

图 1-56　生成矩阵

3. 绘制圆角矩形

默认状态下，矩形工具只能绘制出直角矩形，无法直接绘制圆角矩形。如需绘制圆角矩
形需要借助建筑插件的圆角功能，操作方法如下。

第 01 步：按〈R〉键启用"矩形"工具，然后在"1001 bit pro"面板中单击⌐（"给 2
条边倒圆角"）按钮，如图 1-57 所示。

第 02 步：依次在相邻的两条边上单击，如图 1-58 所示。

第 03 步：在打开的对话框中分别输入"倒角半径"和"细分数量"参数，然后单击
"确定"按钮，如图 1-59 所示。

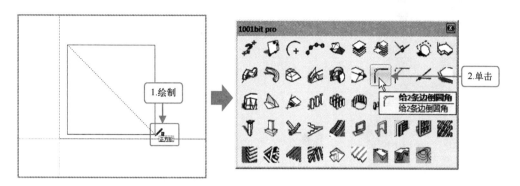

图 1-57 绘制矩形并单击"给 2 条边倒圆角"按钮

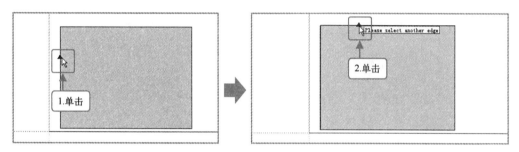

图 1-58 分别单击相邻的两条边

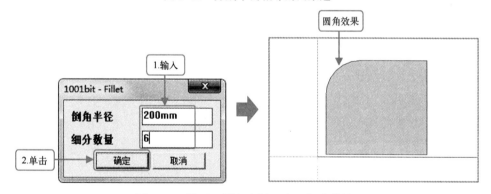

图 1-59 设置"倒角半径"和"细分数量"

4. 制作多边形

SketchUp 中的圆形并不是由一条平滑的线构成，而是由很多线段拼接构成，如图 1-60 所示。

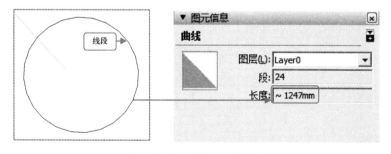

图 1-60 圆形由线段构成

因此，可以通过更改线段的数量绘制出更多样式图形，如正三角形、正六边形等，如图 1-61 所示。

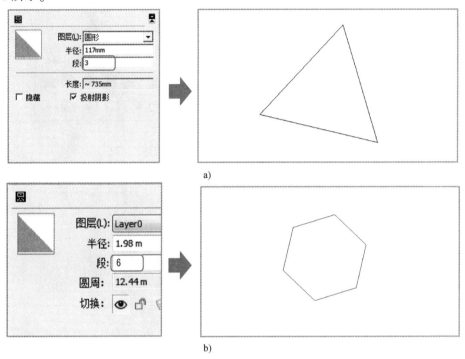

a)

b)

图 1-61　更改线段数量制作成其他形状
a）绘制正三角形　b）绘制正六边形

5. 擦除杂线

模型中出现杂线时，往往会出现多种异常情况，如推拉达不到理想效果、推拉失败及赋予材质错误等。需要使用"擦除"工具手动将其擦除。方法为：按〈E〉键调用"擦除"工具，在需要擦除的杂线上单击将其清除，如图 1-62 所示。

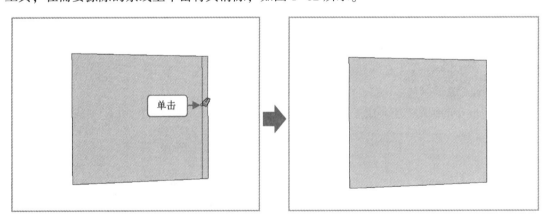

图 1-62　擦除矩形中的杂线

6. 绘制参考线

在建模过程中很多地方需要参考线，如门离墙的位置、窗离地的位置、电视背景墙的相对位置等。其绘制的技巧为：按〈T〉键启用"卷尺"功能，在起始位置单击，并按住鼠标左键移动，然后输入距离数。图 1-63 所示从矩形的顶端向下 300mm 绘制一条水平参考线。

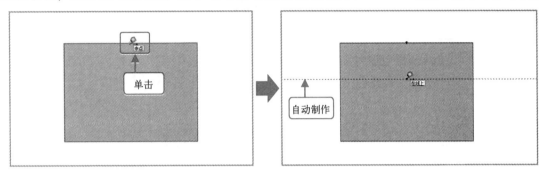

图 1-63　绘制参考线

7. 创建群组与组件

组件与群组在建模时经常用到，因为它们在模型中能转换为独立的个体，便于材质的赋予、位置的移动等，其中，组件还能实现模型的关联性（即同步操作）。操作技巧为：选择要创建群组或组件的对象，在其上单击鼠标右键，在弹出的快捷菜单中选择"创建群组"/"创建组件"命令（然后在打开的对话框中单击"确定"按钮），如图 1-64 所示。

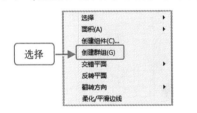
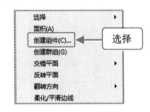

图 1-64　创建群组/组件

　　要解散群组/组件，只需在其上单击鼠标右键，在弹出的快捷菜单中选择"炸开模型"命令。

SketchUp 中群组和组件虽然都是将多个元素组合成独立的个体，但它们之间有一个明显的区别：群组后的模型没有任何关联，也就是具有唯一性，而组件对象之间具有关联性，对组件中的任一模型进行操作，组件中的其他元素都会发生相应的关联变化。

图 1-65 所示对组件中的任一模型进行推拉操作，组件中的其他模型自动进行相同的推拉。

8. 直线使用

在建模过程中，会经常绘制各种平面，除了矩形、圆形、菱形等平面外，其他形状平面如竖状平面等，需要使用直线工具手动绘制。因此，直线工具是 SketchUp 中使用频率最高的工具之一。

使用直线工具虽然简单快捷，但由于很多新手读者的空间感不强，在绘制平面时经常会出现各种意外情况。因此为读者分享两个关键技巧：一是配合轴向绘制平面，二是配合视图绘制平面。

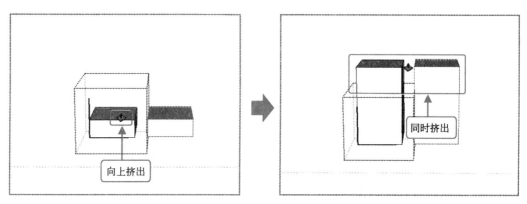

图 1-65 组件关联性

其中，配合轴向绘制平面，要在绘制时借助方向键锁定轴向，也就是在绘制前按〈↑〉〈↓〉〈←〉〈→〉键让 SketchUp 自动锁住轴向。如按〈↑〉〈↓〉键 SketchUp 会自动锁定蓝轴也就是 Z 轴。

下面以绘制一个竖状平面为例，为读者演示相关操作。

第 01 步：单击"相机"菜单，在弹出的下拉菜单中选择"标准视图"→"顶视图"命令，如图 1-66 所示。

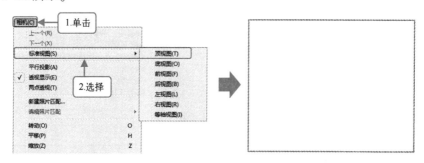

图 1-66 切换到顶视图

第 02 步：按〈L〉键启用"直线"工具，在直线起始位置单击，按〈→〉键锁定轴向，按住鼠标左键绘制，如图 1-67 所示。

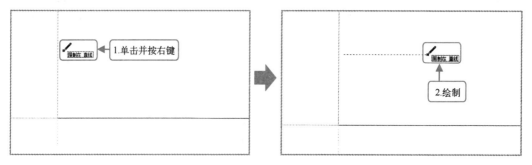

图 1-67 启用直线工具并锁定轴向绘制直线

第 03 步：按〈↓〉键，在直线端点单击作为起始点（保证直线是连接闭合状态），按住鼠标左键绘制，然后以同样的方法锁定轴向绘制直线，最后完成平面绘制，如图 1-68 所示。

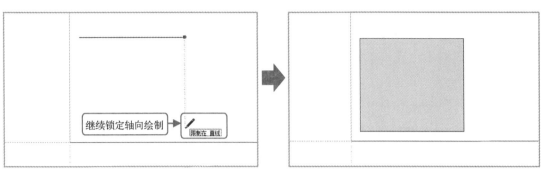

图 1-68 继续锁定轴完成平面向绘制

9. 标注效果的设置

有时 SketchUp 尺寸标注的样式会发生一些变化，与室内设计时的样式不一样，变成图 1-69 所示的样式。

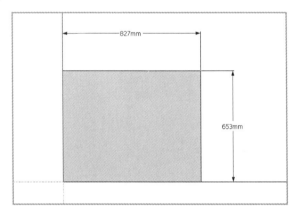

图 1-69 尺寸标注与室内设计的不一样

此时，可在"模型信息"对话框中对文本类型进行设置即可，具体操作方法如下。

第 01 步：单击"窗口"菜单，在弹出的下拉菜单中选择"模型信息"命令，在打开的"模型信息"对话框中选择"尺寸"选项，在右侧的区域中单击"端点"下拉列表框，选择"斜线"选项，单击"字体"选项旁边的"颜色"图标，如图 1-70 所示。

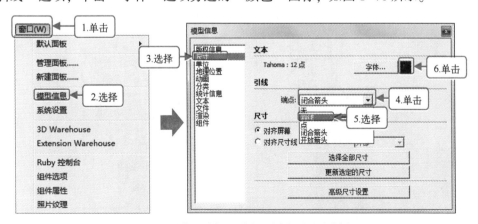

图 1-70 将尺寸标注端点的样式更改为斜线

第 02 步：在打开的"选择颜色"对话框中选择红色，单击"确定"按钮，返回到"模型信息"对话框中单击"关闭"按钮，关闭对话框完成尺寸标注样式设置，如图 1-71 所示。

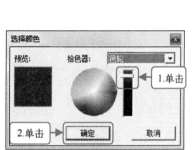
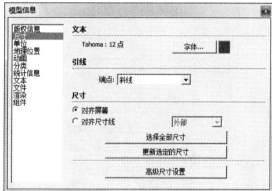

图 1-71　设置尺寸标注颜色

第 03 步：在"大工具集"面板中单击"尺寸"图标按钮，在尺寸标注边的起点位置单击，如图 1-72 所示。

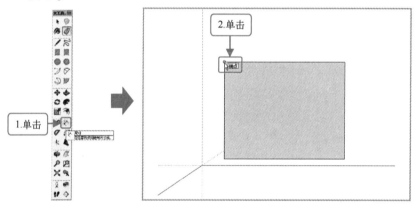

图 1-72　单击尺寸标注起点

第 04 步：在尺寸标注边的终点位置单击，SketchUp 自动显示尺寸数字和端点斜线，然后向上移动鼠标，将整个尺寸标注放在合适位置，如图 1-73 所示。

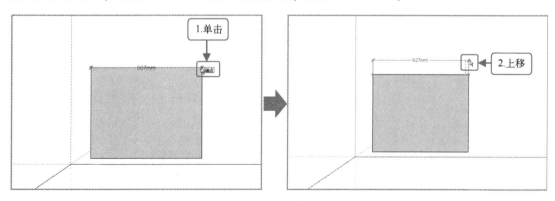

图 1-73　尺寸标注样式

10. 模型尺寸大小的更正

导入的户型图尺寸可能会出现与已有模版尺寸不对应的情况，如图1-74所示。

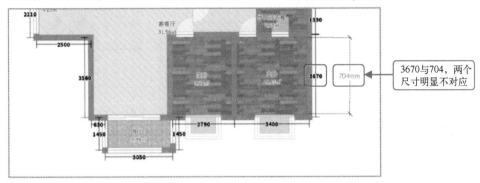

图1-74　尺寸对应不上

此时，可借助"卷尺"工具更改模型比例，具体操作方法如下。

第01步：打开"素材文件/第1章/模型尺寸比例修改.skp"文件，按〈T〉键启用"卷尺"工具，在目标位置的起点和终点单击，然后输入效果图中已有的尺寸数字，这里输入3670，如图1-75所示。

第02步：在打开的对话框中单击"是"按钮调整模型大小，如图1-76所示。

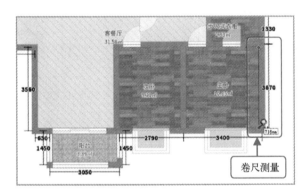

图1-75　使用卷尺功能测量

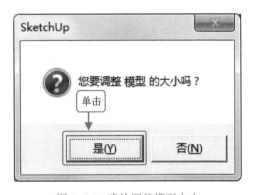

图1-76　确认调整模型大小

第03步：使用尺寸再次标注，尺寸模型调整接近正常（稍微有点数字偏差），如图1-77所示。

11. 偏移

制作模型过程中，线条/面要偏移的情况很多，如果只是单纯制作一个偏移面，读者可以使用直线或矩形等工具手动绘制，但对于有推拉挤出效果的偏移，最便捷的方法之一是模型偏移，因为这样会将模型进行自然分割。

方法为：选择要偏移的对象，在"大工具集"面板中单击"偏移"工具图标或按〈F〉键启用"偏移"功能，然后移动鼠标进行偏移或直接输入数字（偏移距离），如300。SketchUp自动进行指定大小偏移，如图1-78所示。

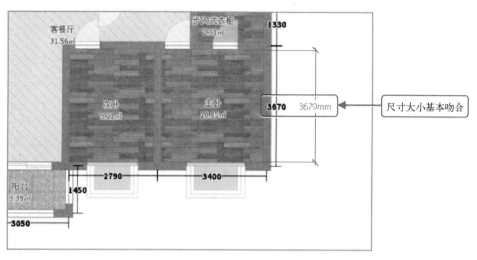

图 1-77　尺寸大小调整后的效果

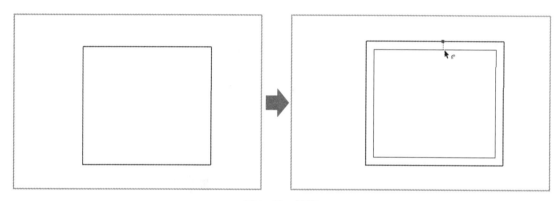

图 1-78　偏移

12. 推拉

　　制作模型过程中，推拉使用的频率特别高，如制作墙体模型、吊顶模型、波打线（波导线）、开门洞、窗洞、鞋柜抽缝等。

　　方法非常简单：进入模型编辑状态，按〈P〉键或在"大工具集"面板中单击"推/拉"图标，然后将鼠标光标移到模型上，按住鼠标左键进行推拉即可，如图 1-79 所示。

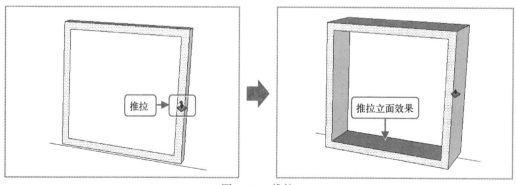

图 1-79　推拉

要进行重复推拉（在圆弧吊顶和暗藏灯模型中会使用）的操作，只需按住〈Ctrl〉键的同时，继续进行推拉操作。也可直接双击，即可重复上一次的推拉操作。

"推/拉"工具除了可以快速制作出立体模型效果外，还可以对模型部分区域进行快速删除（间接删除），如图1-80所示。

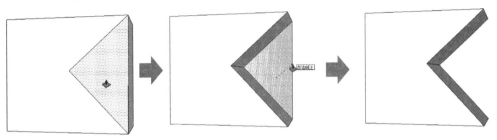

图1-80 用推拉工具删除模型部分区域

13. 模型旋转

SketchUp中可以对模型进行360°旋转的操作，操作关键是注意两个点：一是旋转定点（圆心），二是旋转用力点（半径外点），如图1-81所示。

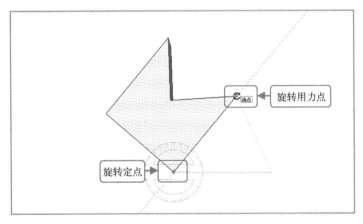

图1-81 旋转

按〈Q〉键或在"大工具集"面板中选用"旋转"工具后，第一次单击的点是旋转定点，第二次单击的点是旋转用力点，然后按住鼠标左键移动便可实现旋转。

在旋转模型时，可以结合视图模式和隐藏其他模型的方式，让旋转更直接明了。

14. 缩放

对线条、面或对象进行缩放，只需按〈S〉键启用缩放功能，然后将鼠标移到相应的控制点上进行调节即可。

因此，缩放技巧关键点在于缩放点的选择。

对角控制点：可等比例调整对象大小，如图 1-82 所示。

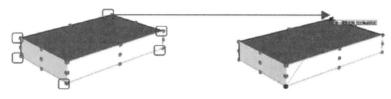

图 1-82 对角控制点等比例调整对象大小

高度控制点：对模型高度控制的点，通常是边线的中点，如图 1-83 所示。

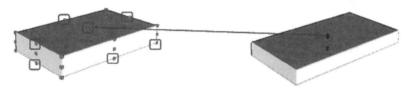

图 1-83 高度控制点

宽度和厚度控制点：对模型宽度和厚度控制的点，通常是面的中点，如图 1-84 所示。

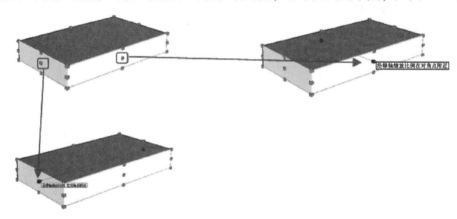

图 1-84 宽度和厚度控制点

15. 镜像/镜像复制

镜像，可以简单理解为水平翻转，可在缩放调整的操作中输入 "-1" 轻松实现，如图 1-85 所示。

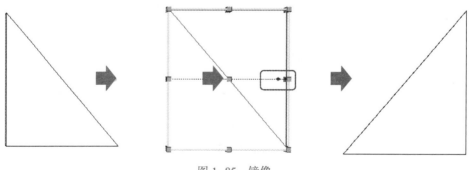

图 1-85 镜像

另外，在坯子助手中有一个快速镜像复制的工具，读者可以借助它快速翻转复制模型（在鞋柜模型设计中将会多次用到），下面以镜像复制直角三角形为例进行演示，操作方法如下。

第 01 步：选择模型，在"坯子助手 1.50"面板中单击"镜像复制"功能图标，启用模型镜像复制功能，如图 1-86 所示。

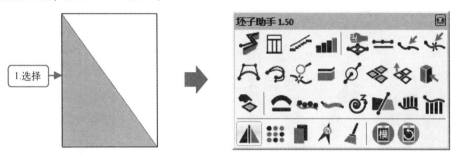

图 1-86　启用模型镜像复制功能

第 02 步：单击鼠标绘制直线作为镜像复制参考线，按〈Enter〉键确认，如图 1-87 所示。

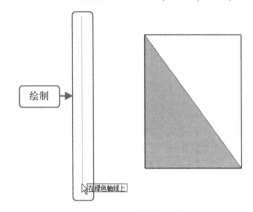

图 1-87　绘制镜像复制参考线

第 03 步：镜像复制模型的效果，如图 1-88 所示。

图 1-88　镜像复制模型的效果

　　　若删掉原有的模型，则是单纯的镜像操作。读者如果对缩放调整的方法不熟悉，建议使用镜像复制操作。

16. 启动平行投影视图

在建模时，即便在顶视图中，模型也会出现斜的现象，没有完全垂直，编辑和观看极为不便。因此，笔者建议读者开启"平行投影"效果，方法为：单击"相机"菜单，在弹出的下拉菜单中选择"平行投影"命令，如图 1-89 所示。

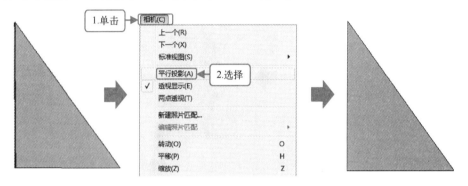

图 1-89　开启"平行投影"效果

1.4　CAD 设计图整理与导入

很多平面设计图都是使用 CAD 软件绘制的。因此，作为 SketchUp 的使用者需要了解和掌握如何整理和导入 CAD 平面配置图。

1.4.1　整理 CAD 平面布置图

在使用 CAD 软件制作平面布置图（SketchUp 建模时用的平面图）时，只需制作平面图，不需要立面图、剖面图或详图等。因为 SketchUp 建模后施工图会一并完成（因为它有 LayOut 配套软件）。

在整理 CAD 平面布置图时，需要注意 3 点：一是分图层（只保留墙体），二是备份保留需要的部分，三是只需将房间连成一体，不需要开墙洞和门洞。

图 1-90 所示是整理好的 CAD 平面布置图样式。

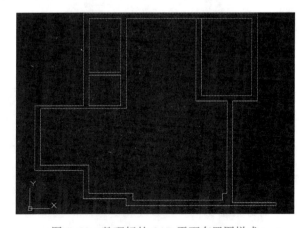

图 1-90　整理好的 CAD 平面布置图样式

1.4.2 导入 CAD 设计图

对于已有的 CAD 设计图，都可以导入到 SketchUp 中使用，具体的操作方法如下。

第 01 步：单击 "文件" 菜单，选择 "导入" 命令，在打开的 "导入" 对话框中选择 CAD 文件，单击 "选项" 按钮，如图 1-91 所示。

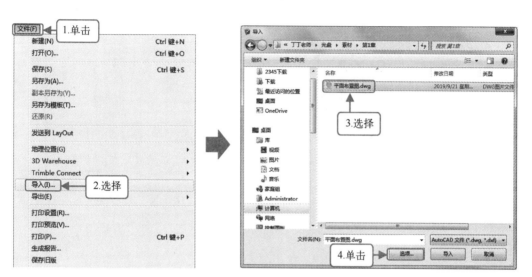

图 1-91 选择 CAD 文件

第 02 步：在打开的 "导入 AutoCAD DWG/DXF 选项" 对话框中取消选中 "合并共面平面" 和 "平面方向一致" 复选框，选择 "单位" 为 "毫米"，单击 "确定" 按钮，返回到 "导入" 对话框中单击 "导入" 选项，如图 1-92 所示。

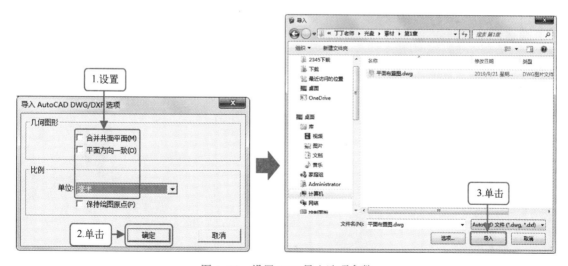

图 1-92 设置 CAD 导入选项参数

第 03 步：在打开的"导入结果"对话框中单击"关闭"按钮，SketchUp 导入选择的
CAD 设计图，如图 1-93 所示。

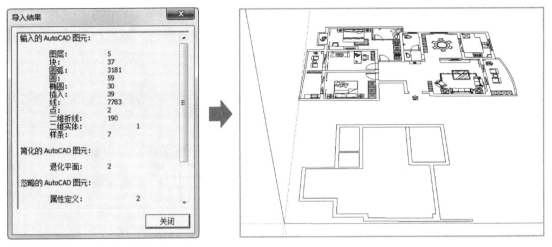

图 1-93 成功导入 CAD 设计图

第02章 门窗的制作

> 通常情况下，墙体模型制作完成后，会制作门窗模型，其中主要包括：门洞、窗洞、门框、窗框、门板、玻璃窗户等模型。具体如何实现，笔者将在本章中为读者逐一演示讲解。

2.1 门窗洞

门窗洞的建模可以简单理解为：在墙体上开洞。不过，在开洞时也是有技巧的，下面逐一为读者演示。

2.1.1 门洞

门洞的快速制作方法有两个：一是借助 1001 建筑插件自动开洞，二是联合直线和推拉工具手动开洞。两种技巧都非常简单，在工作中读者可以任意选择。

1. 借助 1001 建筑插件自动开洞

安装 1001 建筑插件后，可以直接使用"墙体开洞"工具，设置参数后一键开洞，操作方法如下。

第 01 步：打开"素材文件/第 2 章/墙洞 . skp"文件，在"1001 bit pro"工具面板中单击"在垂直墙体上开洞，可以自定义截面"按钮 ，打开"创建墙洞"对话框，如图 2-1 所示。

第 02 步：在"创建墙洞"对话框中设置门洞"宽度"和"高度"值，如 900 mm 和 2100 mm（具体数字以实际的要求为准），然后单击"创建墙洞"按钮，如图 2-2 所示。

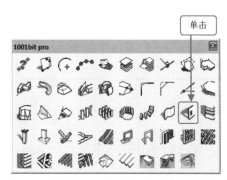

图 2-1　在"1001 bit pro"工具面板中选择开洞工具

图 2-2　设置门洞"高度"和"宽度"

第 03 步：将鼠标光标移到需要开门洞的位置，双击鼠标，如图 2-3 所示。

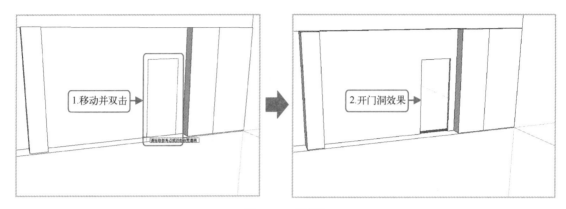

图 2-3　开门洞

 提示　选择指定图层的方法。

选择指定图层的两个方法：一是在"图层"对话框中选择，如图 2-4 所示；二是在工具栏中选择（单击下拉按钮，选择指定图层），如图 2-5 所示。

图 2-4　在面板中选择指定图层

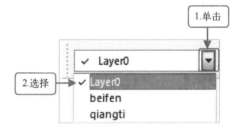

图 2-5　在工具栏中选择指定图层

2. 联合直线和推拉工具手动开洞

若是没有安装或没有加载 1001 建筑插件，可直接使用 SketchUp 自带的直线和推拉工具开洞，操作方法如下。

第 01 步：打开"素材文件/第 2 章/墙洞.skp"文件，双击模型进入墙体编辑状态，在"大工具集"工具面板中单击"直线"按钮，如图 2-6 所示。

　　　　　对于成组的物体，读者一定要先双击组进入指定面后，再进行相应的操作，才能保证在墙面上的操作成功。

第 02 步：使用"直线"工具在指定位置绘制门洞区域，在"大工具集"工具面板中单击"推/拉"按钮，如图 2-7 所示。

第 03 步：将鼠标光标移到需要开门洞的位置，按住鼠标左键向里推，门洞随即开好，如图 2-8 所示。

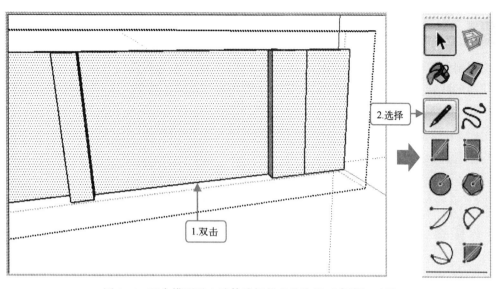

图 2-6　双击模型进入墙体编辑状态并选择"直线"工具

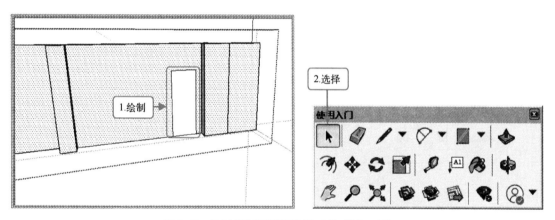

图 2-7　绘制门洞区域并选择"推/拉"工具

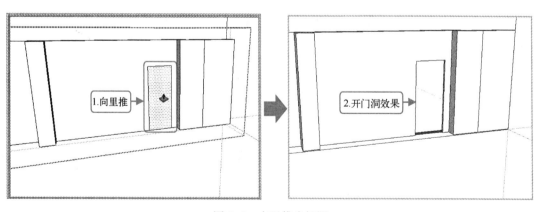

图 2-8　向里推出门洞

2.1.2 窗洞

窗洞制作方法与门洞制作方法完全一样（借助 1001 建筑插件的开洞工具和"直线+推拉"工具的联合），只需设置相应的开洞大小即可，这里就不再赘述。图 2-9 是开窗洞的效果展示。

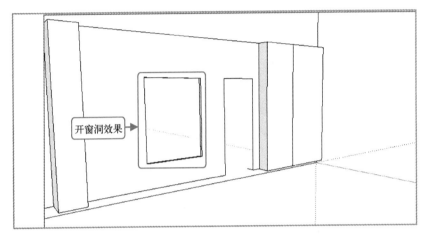

图 2-9　开窗洞的效果展示

　　　无论是使用 1001 建筑插件，还是联合使用"直线"和"推/拉"工具开门洞/窗洞，在确定门洞/窗洞位置时，都可借助"卷尺"工具添加距离参考线。

2.2　门窗框

手动制作门框和窗框非常花费时间和精力，借助 1001 建筑插件，可快速创建成功。

2.2.1 门框

门框分为 3 种：矩形门框、倒角门框和凹/凸边门框。其中，矩形门框是最常规的门框之一，其他两种稍具特色。不过，设置方法完全相同，都可通过"创建门框"工具轻松完成。

例如，以在新建图层"mentao"上为已有的门洞添加凹/凸边门框为例，操作方法演示如下。

第 01 步：打开"素材文件/第 2 章/门框 . skp"文件，在"图层"对话框中单击"添加图层"按钮，在新建的图层名称栏中输入"mentao"，按〈Enter〉键确认，如图 2-10 所示。

第 02 步：按〈R〉键启用"矩形"工具，在门洞上绘制矩形截面并选择，如图 2-11 所示。

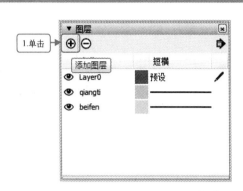
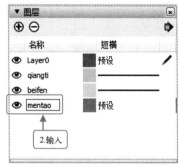

图 2-10　新建 "mentao" 图层

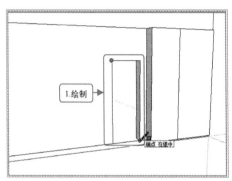
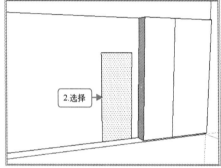

图 2-11　在门洞上绘制矩形截面并选择

第 03 步：在 "1001 bit pro" 面板中单击 "创建门框" 图标按钮，打开 "创建门框" 对话框，如图 2-12 所示。

第 04 步：在 "创建门框" 对话框中选中 "凹/凸边" 单选按钮，分别设置各项参数，如 "门框长" 为 120 mm、"凹/凸/倒角长" 为 15 mm、"门框宽" 为 50 mm、"凹/凸/倒角宽" 为 15 mm、"门框位置" 为 "后"，单击 "创建门框" 按钮，如图 2-13 所示。

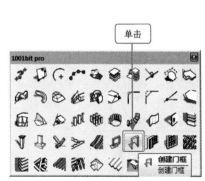

图 2-12　启用 "创建门框" 工具

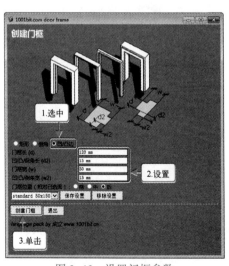

图 2-13　设置门框参数

设置门框宽度时应注意：单门框为墙体宽度的一半；双门框为墙体宽度。如墙体宽度为 240，单门框的"门框宽"参数为 120，双门框的"门框宽"参数为 240。

第 05 步：创建的门框效果如图 2-14 所示。

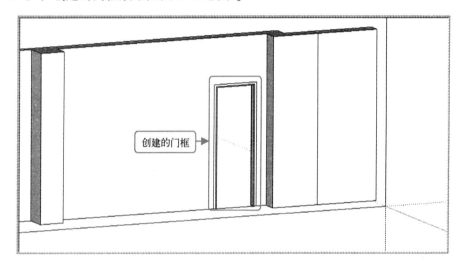

创建的门框

图 2-14　创建的门框效果

 提示 用 1001 建筑插件创建门框时的瑕疵。

在 SketchUp 2017 版和 2019 版中通过 1001 建筑插件创建的门框时，有一个瑕疵：会多了一个用不上的面，如 2-15 所示，需要手动删除。

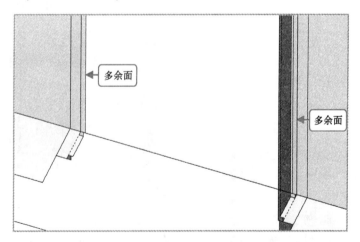

多余面

多余面

图 2-15　通过 1001 建筑插件创建的门框时的瑕疵

2.2.2　门板

门框制作完成后，接下来制作门板，方法是：使用"Door Maker 橱柜门生成工具"插件制作。

例如，在已有的门框上添加"上弓形拼拱门"，操作方法如下。

第01步：打开"素材文件/第2章/门.skp"文件，在"图层"对话框中选择"men"图层，如图2-16所示。

第02步：单击"扩展程序"菜单，选择"Door Maker 橱柜门生成工具"→"添加门板"命令，如图2-17所示。

图2-16　选择"men"图层

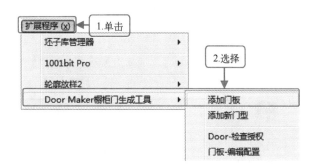

图2-17　添加门板

第03步：在打开的门板参数设置对话框中，选择门板类别、材料、造型和纹路，然后设置门板高度和宽度，单击"完成"按钮，如图2-18所示。

第04步：此时鼠标光标变成"笔"形状 ✐，将其移到门框内的角落点上，单击鼠标添加门板，如图2-19所示。

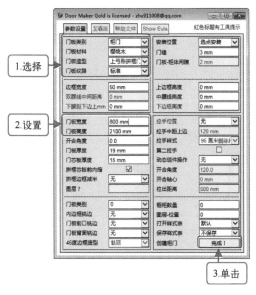

图2-18　设置门板参数

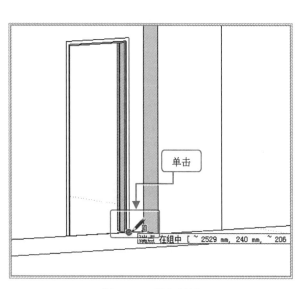

图2-19　添加门板

第 05 步：SketchUp 自动添加设置好的门板效果，如图 2-20 所示。

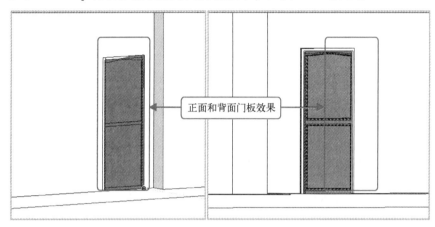

正面和背面门板效果

图 2-20　添加门板效果

在现实中，设计师不需要设置门的样式，客户会自己选购成品，在建模中添加门板只是为了解决效果图中门的造型问题。

2.2.3 窗框

制作窗框与制作门框的基本思路相同，都可以通过 1001 建筑插件制作，只需指定窗框的截面、类型和大小参数等。例如，在已有的窗洞上添加凹/凸边窗框，操作方法如下。

第 01 步：打开"素材文件/第 2 章/窗框 .skp"文件，在"图层"对话框中选择"窗框"图层，如图 2-21 所示。

第 02 步：按〈R〉键启用"矩形"工具，在窗洞上绘制矩形截面，如图 2-22 所示。

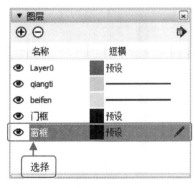

图 2-21　选择"窗框"图层

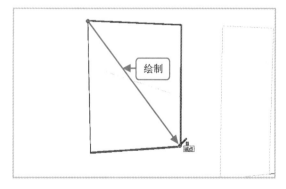

图 2-22　在窗洞上绘制矩形截面

第 03 步：按〈Esc〉键退出"矩形"工具，然后选择绘制的矩形截面，如图 2-23 所示。

第 04 步：在"1001 bit pro"面板中选择"创建窗框"工具，打开"创建窗框"对话框，如图 2-24 所示。

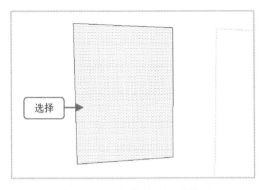

图 2-23　选择绘制的矩形截面

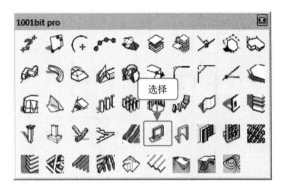

图 2-24　选择"创建窗框"工具

第 05 步：在"创建窗框"对话框中，选中"凹/凸边"单选按钮，分别设置各项参数，如"窗框长"为 120 mm、"凹/凸/倒角长"为 10 mm、"窗框宽"为 50 mm、"凹/凸/倒角宽"为 10 mm"窗框位置"为"前"，单击"创建窗框"按钮创建窗框，如图 2-25 所示。

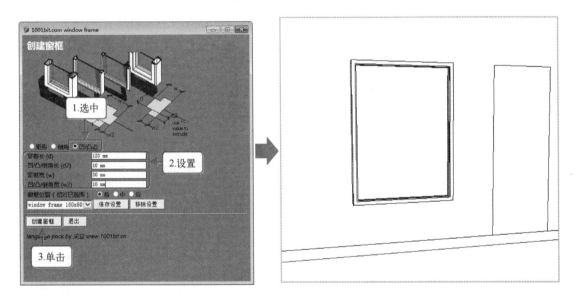

图 2-25　设置窗框参数并创建

2.2.4 玻璃窗户

玻璃窗户的制作方法很简单，只需赋予窗户模板区域玻璃材质即可，具体操作方法如下。

第 01 步：打开"素材文件/第 2 章/玻璃窗户 .skp"文件，选择窗框中的挡板矩形截面，如图 2-26 所示。

第 02 步：按〈B〉键打开"材质"对话框，选择类型为"玻璃与镜子"材质，然后在选项框中选择"玻璃"材质,如图 2-27 所示。

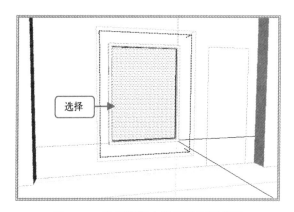

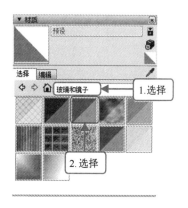

图 2-26　选择窗框中的挡板矩形截面　　　　图 2-27　选择"玻璃"材质

第 03 步:将颜料桶形状的鼠标光标移到窗户挡板矩形截面上,单击赋予"玻璃"材质,效果如图 2-28 所示。

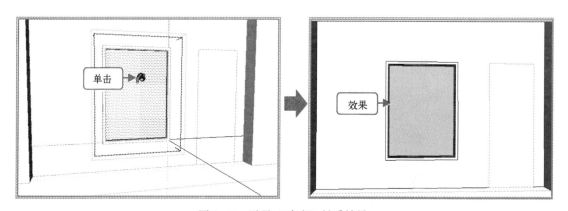

图 2-28　赋予"玻璃"材质效果

2.3　弧形窗户

相对于方方正正的窗户,弧形窗户的制作稍微有点复杂,因为前者只需用几个矩形就能拼接而成,而后者需要在一些细节上的处理,如弧形面的制作、线条的连接和面的缩放等。

例如制作图 2-29 所示的弧形窗户。

第 01 步:打开"素材文件/第 2 章/弧形窗户.skp"文件,在"大工具"面板中单击"圆弧"图标按钮,在合适位置单击作为弧线的起点,如图 2-30 所示。

第 02 步:在弧线结束位置单击,然后向右上角方向移动鼠标,拉出弧度,如图 2-31 所示。

第 03 步:选择绘制好的弧线,按〈F〉键启用"偏移"工具偏移弧线,偏移制作出新弧线,如图 2-32 所示。

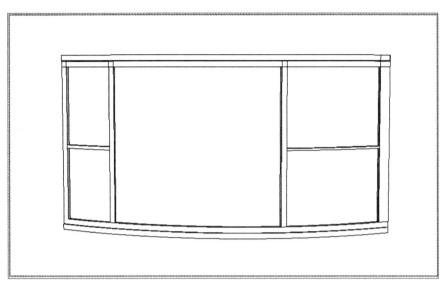

图 2-29　弧形窗户效果

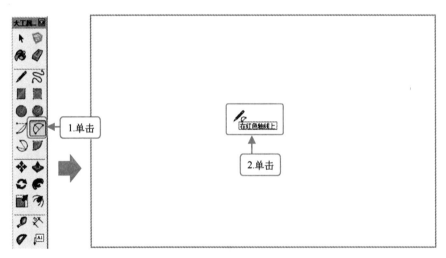

图 2-30　绘制弧线起点

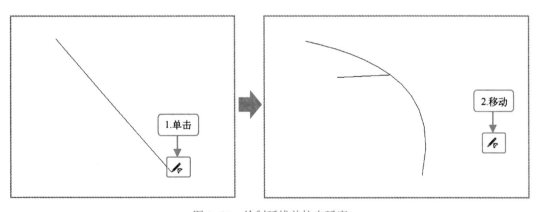

图 2-31　绘制弧线并拉出弧度

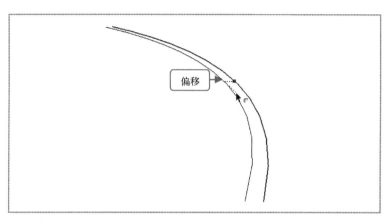

图 2-32　偏移制作出新弧线

第 04 步：按〈L〉键启用"直线"工具，在两条弧线的端点位置单击绘制直线，使两条弧线形成一个封闭的面，如图 2-33 所示。

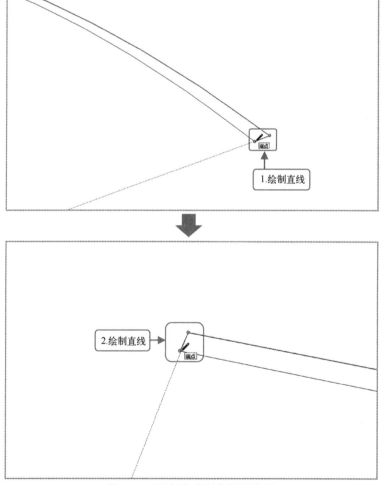

图 2-33　绘制直线制作封闭的面

第 05 步：选择封闭的面，按〈P〉键启用"推拉"工具，向上拉出制作立体窗框模型，如图 2-34 所示。

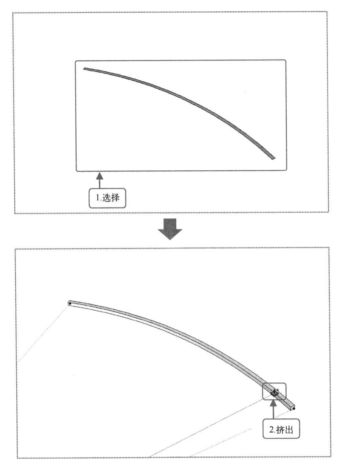

图 2-34　拉出制作立体窗框模型

第 06 步：选择整个模型，按〈M〉键，按〈↑〉键，按住〈Ctrl〉键，移动复制窗框模型，如图 2-35 所示。

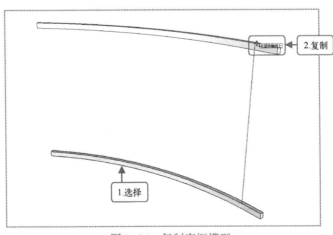

图 2-35　复制窗框模型

第 07 步：再次选择整个模型，按〈M〉键，按〈↑〉键，按住〈Ctrl〉键，移动复制模型，叠放在原有的模型上，如图 2-36 所示。

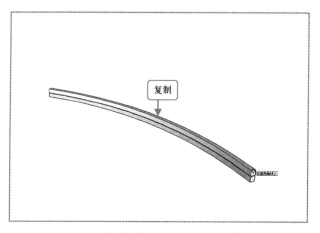

图 2-36　移动复制模型，叠放在原有的模型上

第 08 步：按住〈Shift〉键，依次选择上半部内侧面的 4 条线条，按〈M〉键启用"移动"工具，将上半部内侧面向外移，如图 2-37 所示。

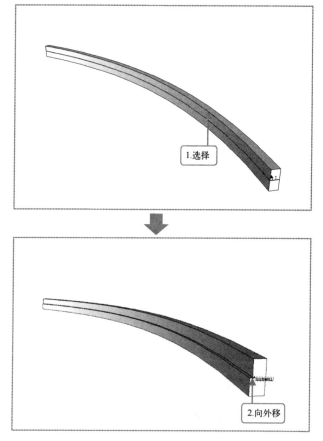

图 2-37　将上半部内侧面向外移

第 09 步：按住〈Shift〉键，依次选择上半部外侧面的 4 条线条，按〈M〉键启用"移动"工具，将上半部外侧面向内移，如图 2-38 所示。

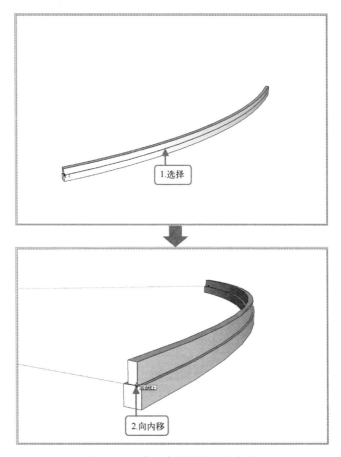

图 2-38 将上半部外侧面向内移

第 10 步：选择调整后的模型，按〈↑〉键锁定方向，按〈M〉键，按住〈Ctrl〉键向上复制模型，如图 2-39 所示。

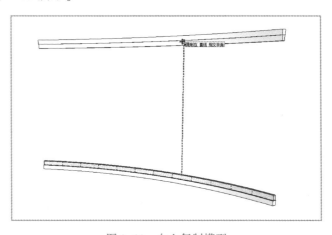

图 2-39 向上复制模型

第 11 步：按〈L〉键启用"直线"工具，在顶面合适位置绘制直线，将顶面分为两部分，如图 2-40 所示。

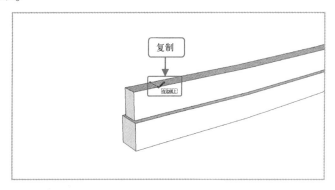

图 2-40　绘制直线将顶面分成两部分

第 12 步：按〈P〉键启用"推/拉"工具，移动鼠标光标在分离的面上按住鼠标左键向上推拉，为左侧的窗户制作竖框模型，如图 2-41 所示。

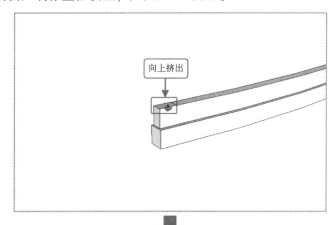

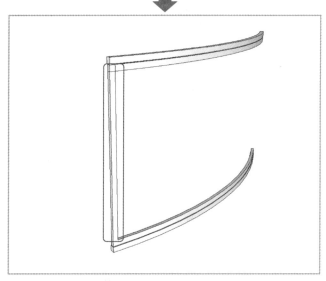

图 2-41　推拉出左侧的竖框模型

第13步：使用"直线"工具在顶面上绘制出两条直线，制作出独立的推拉面，如图2-42所示。

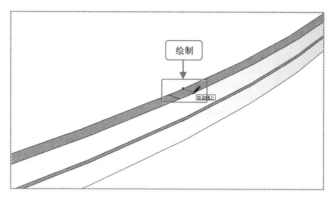

图2-42　绘制两条直线制作出独立推拉面

第14步：按〈P〉键启用"推/拉"工具，并移动鼠标光标到独立的推拉面上，按住鼠标左键向上推拉，再制作出一个竖框模型如图2-43所示。

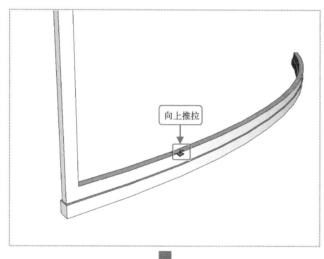

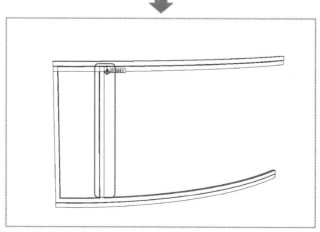

图2-43　再制作出一个竖框模型

第 15 步：选择两条竖框之间的面，按〈M〉键，按〈↑〉键，按住〈Ctrl〉键，复制并移动面到合适位置，制作的隔条面如图 2-44 所示。

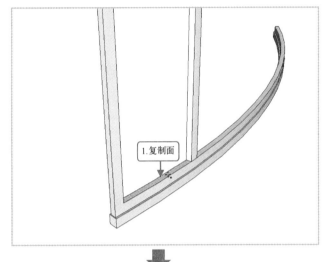

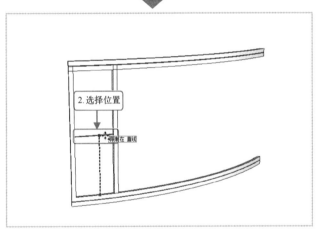

图 2-44 制作隔条面

第 16 步：按〈P〉键启用"推/拉"工具，并移动鼠标光标到隔条面上，按住鼠标左键向上推拉，制作的隔条立体模型如图 2-45 所示。

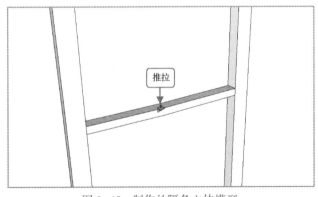

图 2-45 制作的隔条立体模型

第 17 步：使用同样的方法，制作剩余的模型，最终效果如图 2-46 所示。

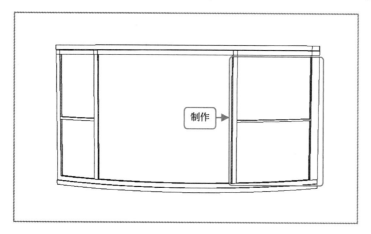

图 2-46　以同样的方法制作完成弧形窗户的其他部分

第 03 章　背景墙、酒柜、鞋柜的制作

> 背景墙、酒柜、鞋柜的建模中，酒柜的制作最为简洁，其次是鞋柜，最复杂的是背景墙。同时，背景墙又分为电视背景墙和沙发背景墙。在本章中笔者将详细讲解一些关于制作背景墙、酒柜和鞋柜模型的实用技能和方法。

3.1　电视背景墙

电视背景墙通常由两大块构成：墙体和电视柜。工具只需 4 个："直线"工具、"卷尺"工具、"推/拉"工具和门插件。

图 3-1 所示为电视背景墙模型效果（特点：镂空造型+双材质）。

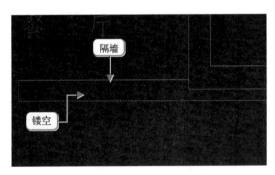

图 3-1　电视背景墙模型效果

3.1.1　墙体

以图 3-1 所示的模型为例，其墙体分为两部分：一是隔墙（隔开餐厅与客厅），二是电视背景墙体。下面分别用详细的步骤为读者讲解。

1. 制作隔墙

第 01 步：打开"素材文件/第 3 章/电视背景墙.skp"文件，新建"背景墙"图层并选择，如图 3-2 所示。

第 02 步：单击"视图"菜单，在弹出的下拉菜单中选择"参考线"命令，如图 3-3

所示。

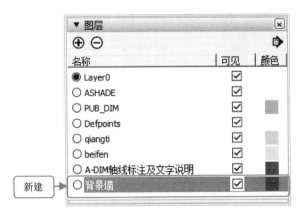

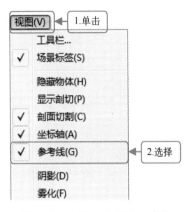

图 3-2　新建并选择"背景墙"图层　　　　　图 3-3　选择"参考线"命令

第 03 步：用"卷尺"工具绘制距离左侧墙体 1200 mm 的参考线（在左侧墙体线条上单击，输入 1200，按〈Enter〉键），留出过道，如图 3-4 所示。

第 04 步：用"直线"工具绘制直线从参考线到右侧墙体，如图 3-5 所示。

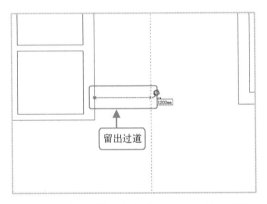

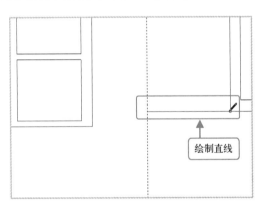

图 3-4　绘制距离左侧墙体 1200 mm 的参考线　　　图 3-5　绘制直线

第 05 步：绘制 100 mm 墙体厚度直线，如图 3-6 所示。

第 06 步：绘制完整隔墙，如图 3-7 所示。

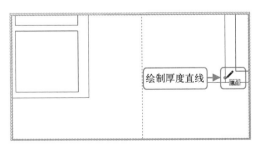

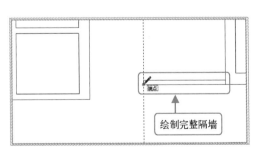

图 3-6　绘制墙体厚度直线　　　　　图 3-7　绘制完整隔墙

第 07 步：连续单击 3 次选择绘制的整个形状，并在其上单击鼠标右键，在弹出的菜单中选择"创建群组"命令，将线条和面组合为一个整体，如图 3-8 所示。

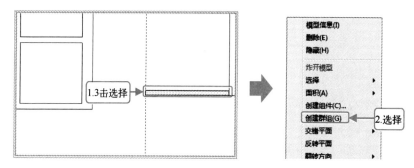

图 3-8　创建群组

第 08 步：按住鼠标中键（或是滑轮）旋转视图，按〈M〉键，按住〈Shift〉键，在蓝色轴线上移动绘制的形状到底部，如图 3-9 所示。

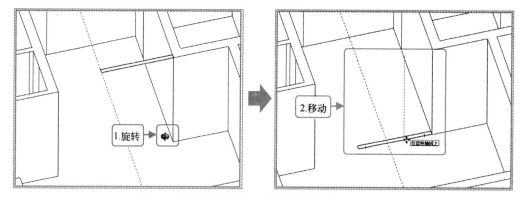

图 3-9　旋转视图并移动绘制的形状到蓝色轴底部

第 09 步：双击平面进入编辑状态，按〈P〉键启用"推/拉"工具，按蓝色轴线向上推拉 2600mm，完成隔墙的制作，如图 3-10 所示。

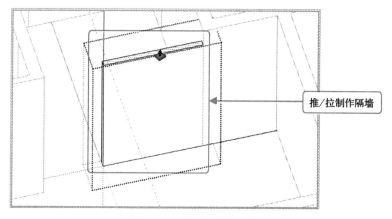

图 3-10　完成隔墙制作

2. 制作电视背景墙体

第 01 步：打开"素材文件/第 3 章/电视背景墙 1. skp"文件，用"直线"工具绘制 120 mm 直线作为墙体厚度，然后在红色轴线上绘制墙体长度，如图 3-11 所示。

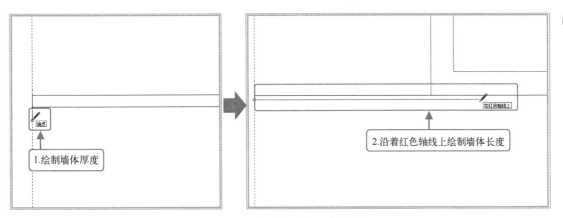

图 3-11　绘制墙体厚度和墙体长度

第 02 步：在绿色轴线上绘制直线，接着绘制最后一条宽度直线形成封闭的截面，如图 3-12 所示。

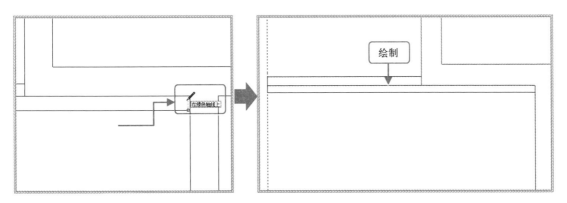

图 3-12　绘制封闭的截面

　　这里特别要强调沿着"红色轴线"和"绿色轴线"绘制直线，否则，最后形成的面不是平面，而是一个左低右高的斜面，完全不符合需求。

第 03 步：将绘制的平面组合成群组，然后旋转视图，按〈M〉键沿蓝色轴线移动平面到底部，如图 3-13 所示。

第 04 步：进入平面编辑状态，按〈P〉键启用"推/拉"工具将平向上推拉 2600 mm 制作电视背景墙体，如图 3-14 所示。

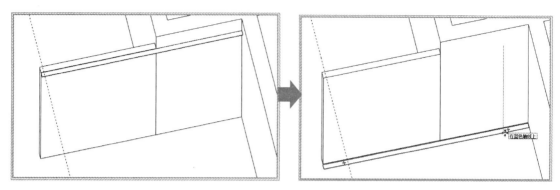

图 3-13 沿蓝色轴线移动平面到底部

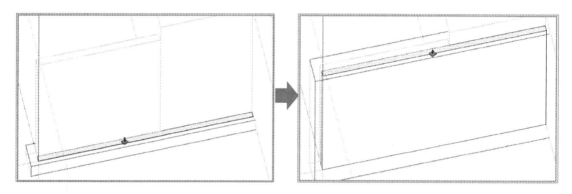

图 3-14 推拉 2600 mm 制作电视背景墙体

第 05 步：打开"素材文件/第 3 章/电视背景墙 2. skp"文件，选择电视背景墙，在其上单击鼠标右键，在弹出的菜单中选择"孤立隐藏"命令，如图 3-15 所示。

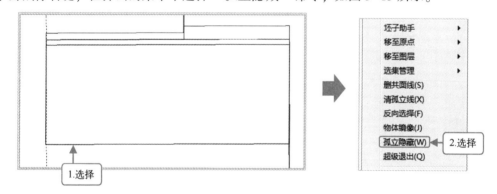

图 3-15 "孤立隐藏"电视背景墙

第 06 步：双击电视背景墙进入编辑状态，用"直线"工具从墙体右侧向左绘制长为 800 mm 直线，如图 3-16 所示。

第 07 步：按住〈Shift〉键沿着蓝色轴线向上绘制直线，将墙体分为两部分，如图 3-17 所示。

第 08 步：电视背景墙被分为两个独立的部分，如图 3-18 所示。

第 09 步：打开"素材文件/第 3 章/电视背景墙 3. skp"文件，双击电视背景墙进入编辑状态，启用"卷尺"工具，制作第一条距离底部为 300 mm 的参考线，如图 3-19 所示。

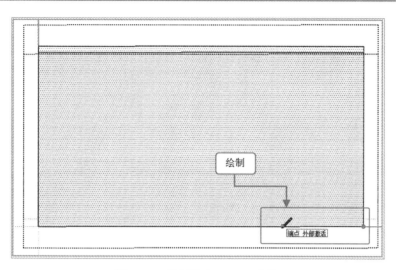

图 3-16　绘制长为 800 mm 直线

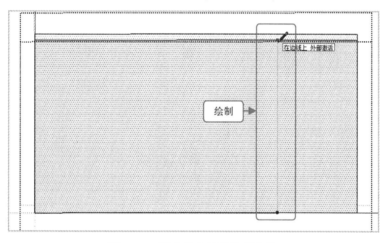

图 3-17　沿着蓝色轴线绘制直线

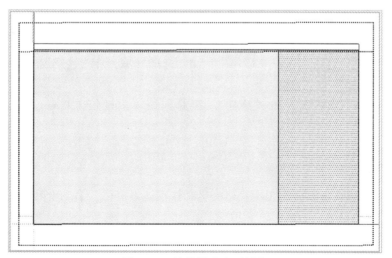

图 3-18　墙体被分为两部分

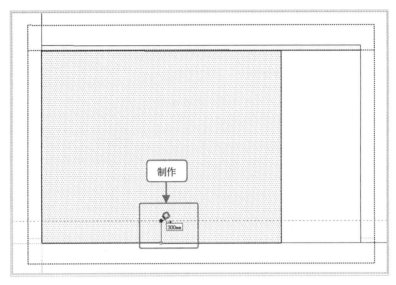

图 3-19　制作第一条距离底部为 300 mm 的参考线

第 10 步：在第一条参考线位置向上制作第二条间隔为 300 mm 的参考线，如图 3-20
所示。

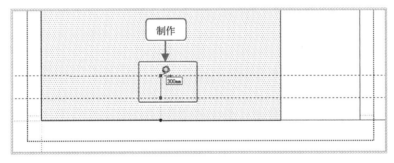

图 3-20　制作第二条间隔为 300 mm 的参考线

第 11 步：用同样的方法分别制作间隔为 300 mm、800 mm 参考线，以及距左侧边线和右
侧边线均为 300 mm 的竖直参考线，如图 3-21 所示。

第 12 步：使用"直线"工具从墙体中抠出矩形的区域，作为镂空造型位置，如图 3-22
所示。

第 13 步：选择抠出区域，用"推/拉"工具向墙体内推拉 120 mm，形成镂空造型如
图 3-23 所示。

3.1.2　电视柜

电视柜模型的制作主要分为 3 步：第一步制作整体电视柜，第二步拆分电视柜，第三步
添加抽屉效果。

1. 制作整体电视柜

第 01 步：打开"素材文件/第 3 章/电视背景墙 4. skp"文件，双击电视背景墙进入组
编辑状态，使用"直线"工具抠出电视柜区域，如图 3-24 所示。

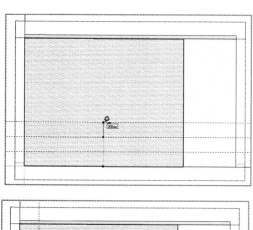
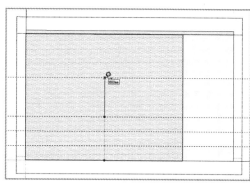

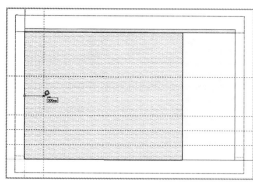
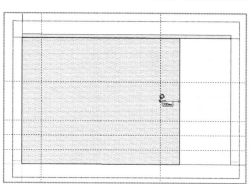

图 3-21　制作其他参考线

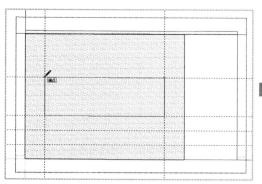
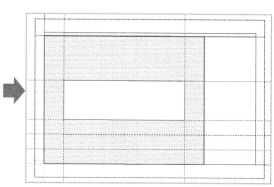

图 3-22　抠出镂空造型区域

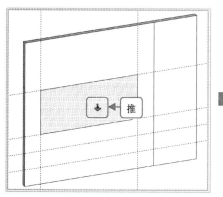
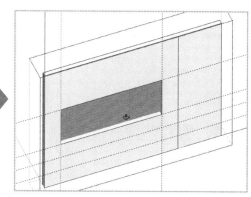

图 3-23　推拉出镂空造型

第 02 步：选择抠出区域，用"推/拉"工具向外推拉 300 mm，推拉出电视柜如图 3-25 所示。

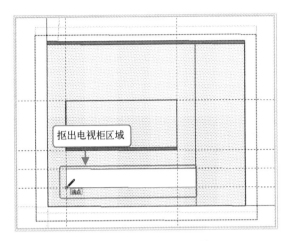

图 3-24 抠出电视柜区域   图 3-25 推拉出电视柜

2. 拆分电视柜

第 01 步：打开"素材文件/第 3 章/电视背景墙 5. skp"文件，双击电视柜进入编辑状态，选择电视柜顶端边线，在其上单击鼠标右键，在弹出的菜单中选择"拆分"命令，如图 3-26 所示。

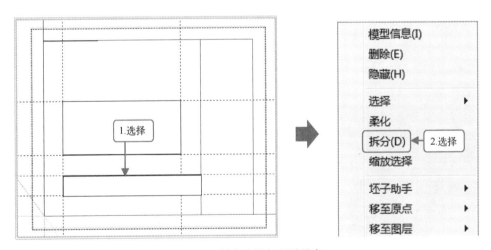

图 3-26 拆分电视柜顶端线条

第 02 步：线条进入拆分状态后，左右移动鼠标单击线条，将线条拆分为 3 段，如图 3-27 所示。

第 03 步：使用"直线"工具，在拆分的端点处绘制直线，将电视柜分成 3 个部分，如图 3-28 所示。

3. 添加抽屉效果

第 01 步：双击电视柜进入编辑状态，选择任一拆分后的电视柜区域添加抽屉，单击在"Door Maker 橱柜门生成工具"插件中的"添加门板"按钮，如图 3-29 所示。

第02步：在单击"添加门板"按钮后打开的参数设置对话框中设置"门板类别"为"抽屉"、"门板材料"为"樱桃木"、"门板造型"为"双腰线拼框门"、"门板纹路"为"标准"、"安装位置"为"内嵌门"等参数，单击"完成"按钮，如图3-30所示。

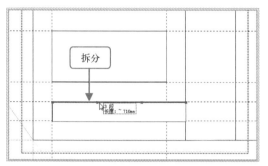

图3-27 将线条拆分为3段

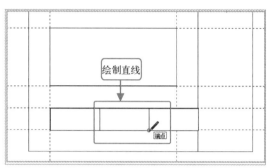

图3-28 绘制直线进行拆分

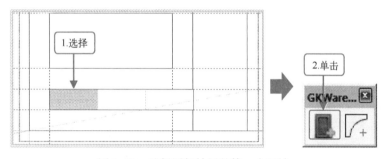

图3-29 选择添加抽屉的第一个区域

第03步：在选择区域上的左下角单击鼠标，然后沿着对角线拉到右上角单击，添加第一个抽屉效果，如图3-31所示。

图3-30 设置抽屉参数

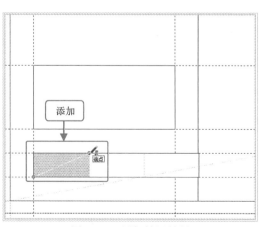

图3-31 添加抽屉效果

第 04 步：将添加好的抽屉效果复制粘贴到剩下的两个区域中，如图 3-32 所示。

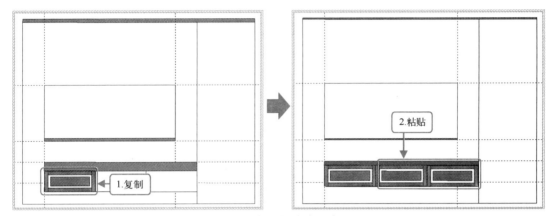

图 3-32　复制粘贴抽屉效果

3.2　沙发背景墙

现通过图 3-33 所示的沙发背景墙模型，为读者讲解制作沙发背景墙的方法。从图中可以看出 3 个明显的特征：边角层次感、暗藏灯凹槽和内凹缝隙。

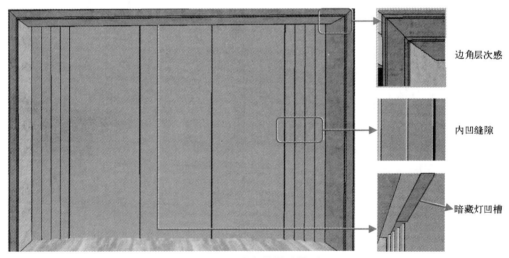

图 3-33　沙发背景墙模型

3.2.1　墙体

制作具有层次感的沙发背景墙，须进行两次偏移和区域推拉即可完成，具体操作方法如下。

第 01 步：打开"素材文件/第 3 章/沙发背景墙 .skp"文件，新建"沙发背景墙"图层，按〈R〉键启用"矩形"工具，绘制矩形，如图 3-34 所示。

第 02 步：在绘制的矩形上连续单击 3 次（简称 3 击），选择整个区域和线条，并在其上单击鼠标右键，在弹出的快捷菜单中选择"创建群组"命令，如图 3-35 所示。

第 03 步：按〈~〉键隐藏其他所有模型对象，然后按住〈Shift〉键，依次单击左、上、右侧线条，将它们同时选择，如图 3-36 所示。

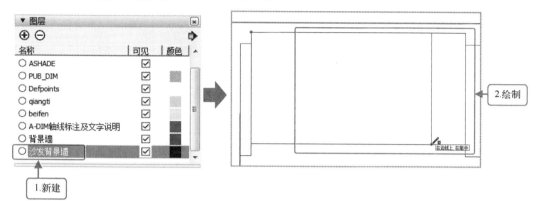

图 3-34　在新建的"沙发背景墙"图层上绘制矩形

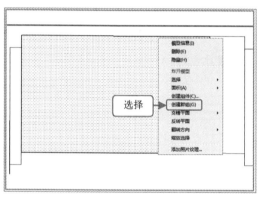

图 3-35　将矩形区域和线条组合为一个整体

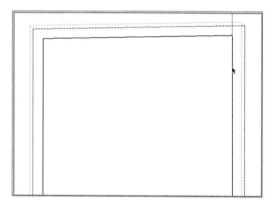

图 3-36　选择左、上、右侧线条

第 04 步：按〈F〉键启用"偏移"工具，将鼠标光标移到左上角，向内拖动，并输入 20，如图 3-37 所示。

第 05 步：以同样的方法，再次偏移 100 mm（以同一基准线偏移），如图 3-38 所示。

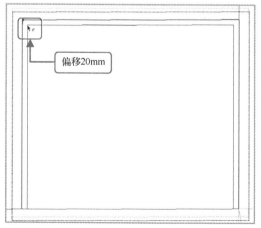

图 3-37　向内偏移 20 mm

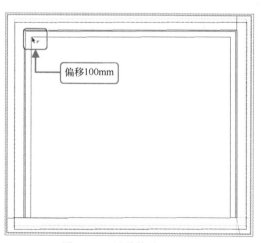

图 3-38　继续偏移 100 mm

第 06 步：以同样的方法，第三次偏移 120 mm，如图 3-39 所示。

第 07 步：选择图 3-40 所示的区域，按〈P〉键启用"推/拉"工具，向外推拉 20 mm，如图 3-40 所示。

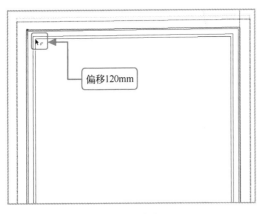

图 3-39　向内偏移 120 mm

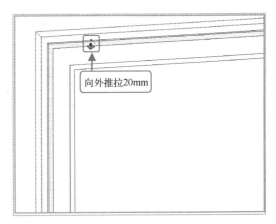

图 3-40　向外推拉 20 mm

第 08 步：对图 3-41 所示的区域双击，即自动向外推拉 20 mm，如图 3-41 所示。层次感样式建模完成效果，如图 3-42 所示。

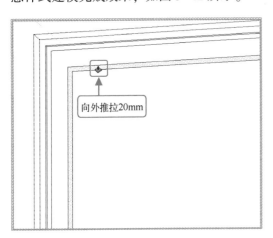

图 3-41　向外推拉 20 mm

图 3-42　层次感样式建模完成效果

3.2.2 暗藏灯凹槽

暗藏灯凹槽的制作，核心点在复制推拉上：两次向内和一次向上推拉，具体操作方法如下。

第 01 步：打开"素材文件/第 3 章/沙发背景墙 1. skp"文件，旋转视图角度（方便查看推拉效果），选择中间面，向内推拉 200 mm（执行推拉操作后，输入 200 mm，SketchUp 自动推拉到 200 mm 深度），如图 3-43 所示。

第 02 步：按住〈Ctrl〉键，向内复制推拉 80 mm，如图 3-44 所示。

第 03 步：选择中间面，按〈Delete〉键将其删除，如图 3-45 所示。

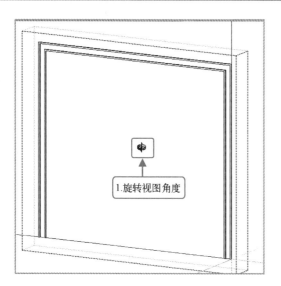

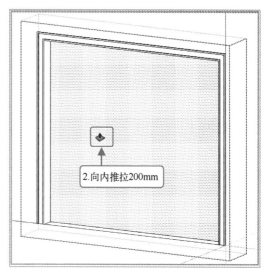

图 3-43　旋转视图角度并向内推拉 200 mm

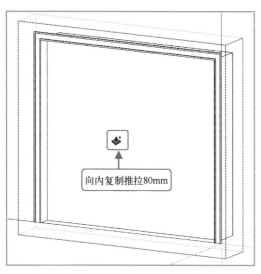

图 3-44　向内复制推拉 80

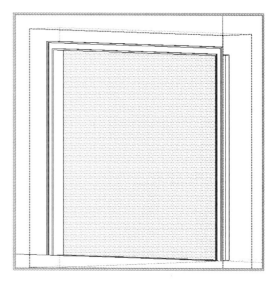

图 3-45　删除多出的面

第 04 步：在顶部选择多出的面（由第二次复制推拉生成的面），向上推拉 80 mm，完成暗藏灯凹槽模型制作，如图 3-46 所示。

3.2.3 缝隙

在沙发背景墙上制作缝隙，须在面上绘制相应的直线进行分离，然后向内推拉 3 mm 的深度，最后翻转平面即可完成，具体操作方法如下。

第 01 步：继续在"沙发背景墙 1. skp"文件上操作，双击进入组编辑状态，选择中间面左侧线条，按〈M〉键启用"移动"工具，按住〈Ctrl〉键向右复制一条直线（距离为300 mm），如图 3-47 所示。

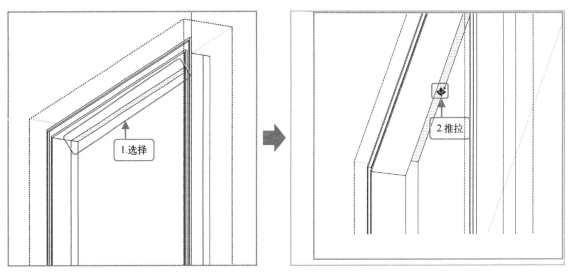

图 3-46　向上推拉 80 mm 完成暗藏灯凹槽模型制作

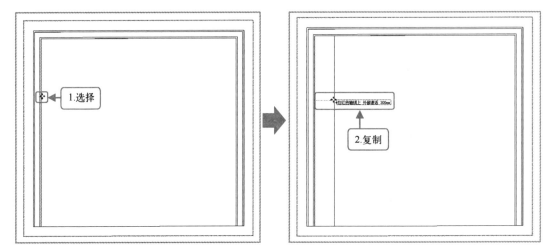

图 3-47　向右移动复制一条边线

在本例中由于线条较多，在选择面的线条时，容易选择其他线条，读者可以将软件窗口显示比例放大，再进行精确选择。否则，若线条选择错误而引起直线分离面不成功，导致缝隙推拉失败。

第 02 步：输入 "/4"，自动在两条直线之间创建 3 条直线的矩阵，如图 3-48 所示。

第 03 步：以同样的方法，在右侧创建一样的直线矩阵，分离面，如图 3-49 所示。

第 04 步：以同样的方法，在面的中间创建直线矩阵，继续分离面，如图 3-50 所示。

第 05 步：选择面中间的两条直线，按〈M〉键，按〈Ctrl〉键移动复制直线，制作距离 3 mm 的缝隙，如图 3-51 所示。

第 06 步：放大窗口的显示比例，选择任一缝隙之间的面，向内推拉 2 mm，如图 3-52 所示。

第 07 步：依次在其他缝隙上双击，自动推拉 2 mm，如图 3-53 所示。

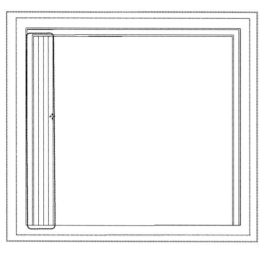

图 3-48　自动创建矩阵

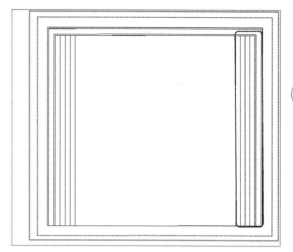

图 3-49　在右侧创建矩阵

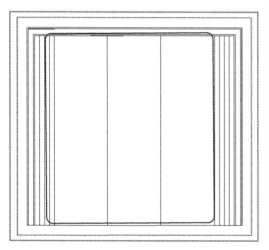

图 3-50　在面的中间创建矩阵

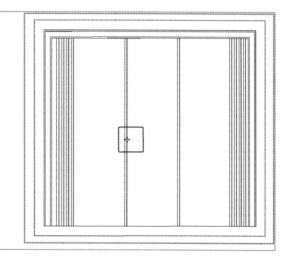

图 3-51　制作缝隙

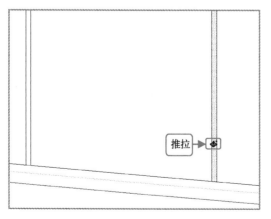

图 3-52　向内推拉 2 mm

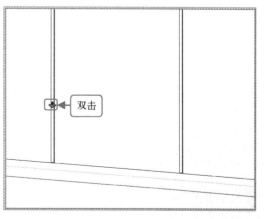

图 3-53　双击缝隙自动推拉 2 mm

第 08 步：选择任一面，单击鼠标右键，在弹出的快捷菜单中选择"反转平面"命令，如图 3-54 所示。

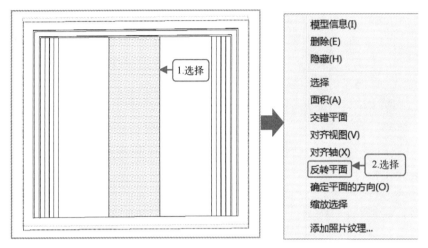

图 3-54　选择"反转平面"命令

第 09 步：保持面选择状态，再次单击鼠标右键，在弹出的快捷菜单中选择"确定平面的方向"命令，完成整个沙发背景墙的制作，如图 3-55 所示。

图 3-55　选择"确定平面的方向"命令

3.3　酒柜

酒柜一般由门板+柜体构成（也可以只有柜体部分），两者相互独立且制作流程简单，下面分别进行讲解。

3.3.1　门板

制作收纳柜/功能柜模型重点在柜子门板上。如果要制作图 3-56 所示的普通门板造型，只需按照笔者前面讲解的方法即可完成。如果要制作图 3-57 所示的斜面门板造型就需采用如下所示的方法技巧。

图 3-56　普通门板造型

图 3-57　斜面门板造型

制作斜面门板的具体操作如下。

第 01 步：打开"素材文件/第 3 章/斜面门板 .skp"文件，新建"斜面门板"图层，绘制矩形并推拉出门板，如图 3-58 所示。

第 02 步：双击进入组编辑状态，选择面，向内偏移 50 mm，如图 3-59 所示。

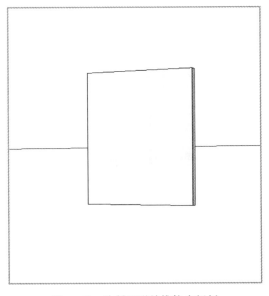

图 3-58　绘制矩形并推拉出门板

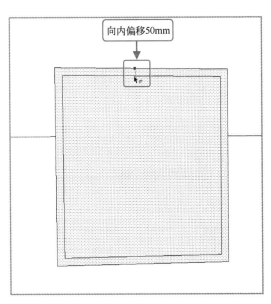

向内偏移50mm

图 3-59　向内偏移 50 mm

第 03 步：选择偏移得到的面，向内推拉，按〈S〉键进入形状大小调整状态，按住

〈Ctrl〉键的同时，将鼠标光标移到内平面的左上角控制点上，按住鼠标左键不放向内拖动，待斜面大小合适时释放鼠标，如图 3-60 所示。

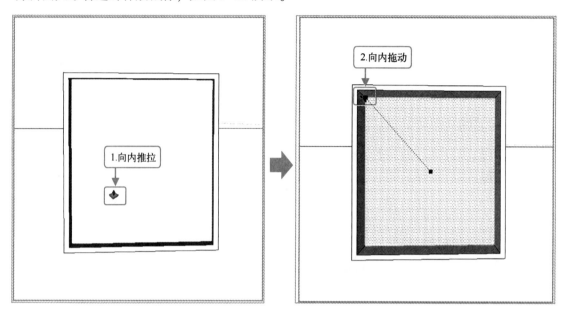

图 3-60　制作斜面内凹效果

第 04 步：按〈F〉键，再次向内偏移，使用"推/拉"工具向外推拉，如图 3-61 所示。

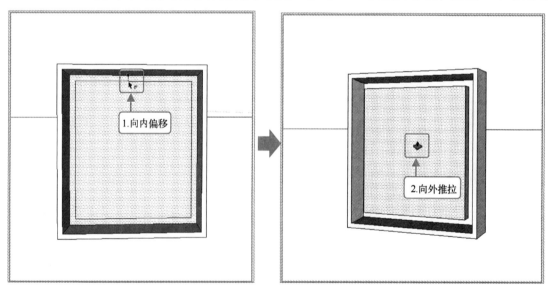

图 3-61　偏移并推拉

第 05 步：选择推拉出的面，按〈S〉键进入形状大小调整状态，按住〈Ctrl〉键的同时，将鼠标光标移到面的左上角控制点上，按住鼠标左键不放向内拖动，待斜面大小合适时释放鼠标，如图 3-62 所示。然后将制作完成的造型复制粘贴到收纳柜/功能柜对应的门板上即可。

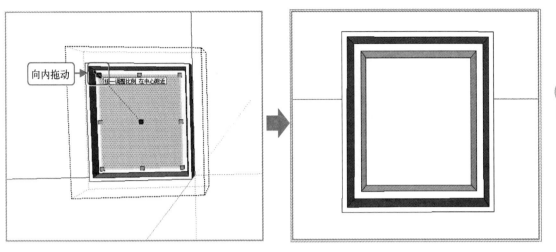

图 3-62　制作斜面造型效果

3.3.2 柜体

要创建图 3-63 所示的酒柜模型，既可以用推拉的方式快速制作，也可以直接用构件模块（背景面板+两侧夹板+层板）拼接而成。

图 3-63　酒柜模型

这里为读者讲解用构件模块拼接而成的制作的方法，具体操作如下。

第 01 步：打开"素材文件/第 3 章/酒柜 .skp"文件，绘制矩形和使用"推/拉"工具分别制作酒柜背景面板、两侧夹板和层板，如图 3-64 所示。

第 02 步：选择夹板，按〈M〉键将其移到背景面板的左侧，作为左夹板。随后，按住〈Ctrl〉键的同时，移动夹板到背景面板右侧，复制生成右夹板，如图 3-65 所示。

第 03 步：选择层板，按〈M〉键将其移到合适位置（若有暗藏灯，层板与背景面板之间保留一定的距离）作为酒柜底板，然后，按住〈Ctrl〉键的同时，移动层板到酒柜顶端，复制生成顶板，如图 3-66 所示。

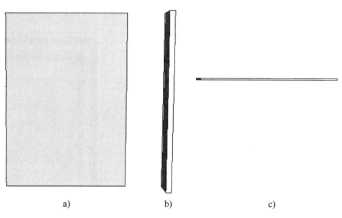

图 3-64 制作酒柜构件模块

a）背景面板 b）两侧夹板 c）层板

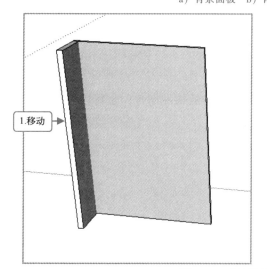
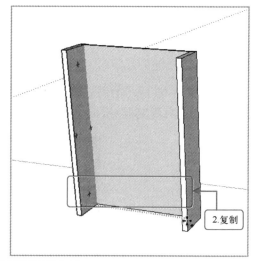

图 3-65 拼接制作酒柜两侧夹板

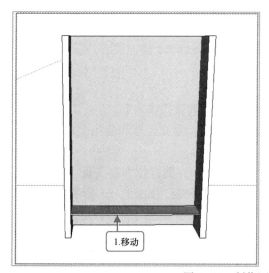
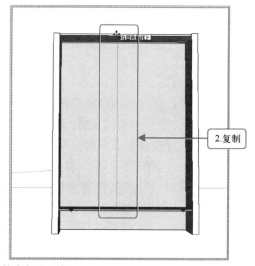

图 3-66 制作酒柜的底板和顶板

第 04 步：输入"/4"，自动创建层板矩阵，完成酒柜的制作，如图 3-67 所示。

图 3-67　自动生成层板矩阵

3.4　鞋柜

鞋柜样式虽有多种，但建模方法大同小异，掌握任一种就能融会贯通。本节为读者分享鞋柜的制作方法。

3.4.1　鞋柜架构

制作鞋柜架构模型会使用到"矩形"工具、"推/拉"工具、"直线"工具和"拆分"命令，操作方法如下。

第 01 步：打开"素材文件/第 3 章/鞋柜 .skp"文件，按〈T〉键切换到顶视图，按〈V〉键切换到平行投影，按〈R〉键启用"矩形"工具，绘制长宽分别为 1200 mm 和 800 mm 的矩形，如图 3-68 所示。

第 02 步：选择绘制的矩形并在其上单击鼠标右键，在弹出的快捷菜单中选择"创建群组"命令，如图 3-69 所示。

第 03 步：旋转视图，选择绘制的矩形，按〈M〉键移到底部，如图 3-70 所示。

第 04 步：选择矩形外所有对象（墙体和门框），并在其上单击鼠标右键，在弹出的快捷菜单中选择"隐藏"命令，如图 3-71 所示。

第 05 步：选择矩形，进入矩形编辑状态，按〈P〉键启用"推/拉"工具，将鼠标光标移到矩形面上，按住鼠标向上推拉 2400 mm，如图 3-72 所示。

第 06 步：选择鞋柜左侧边线（三击可快速选择），并在其上单击鼠标右键，在弹出的快捷菜单中选择"拆分"命令，如图 3-73 所示。

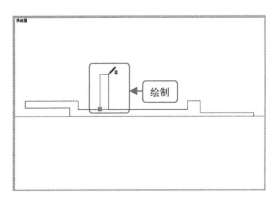

图 3-68　在顶视图中绘制矩形

图 3-69　创建群组

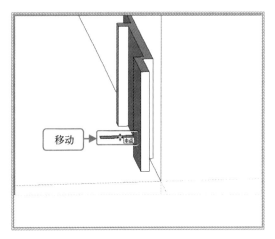

图 3-70　移动矩形到底部

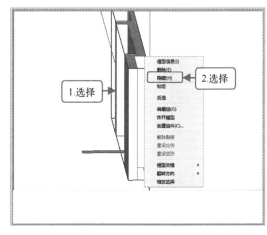

图 3-71　隐藏墙体和门框

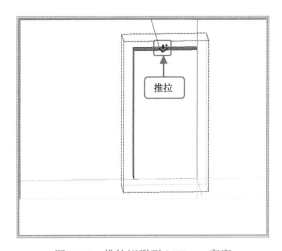

图 3-72　推拉矩形到 2400 mm 高度

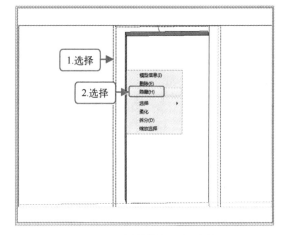

图 3-73　拆分鞋柜左侧边线

第 07 步：进入到线条拆分状态，上下移动鼠标光标直到线条被 4 个红点拆分为 3 段，如图 3-74 所示。

第 08 步：选择鞋柜上边线，并在其上单击鼠标右键，在弹出的快捷菜单中选择"拆分"命令，如图 3-75 所示。

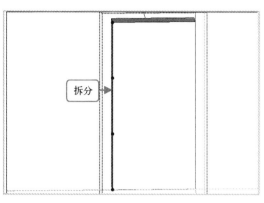

图 3-74　拆分线条为 3 段

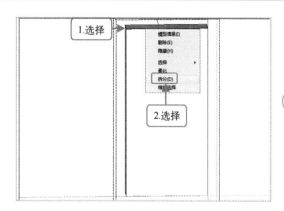

图 3-75　拆分鞋柜上边线

第 09 步：进入到线条拆分状态，左右移动鼠标直到线条被 4 个红点拆分为 3 段，如图 3-76 所示。

第 10 步：按〈L〉键启用"直线"工具，左右移动鼠标找到绿色端点单击，如图 3-77 所示。

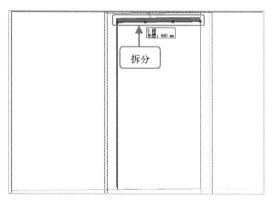

图 3-76　拆分线条为 3 段

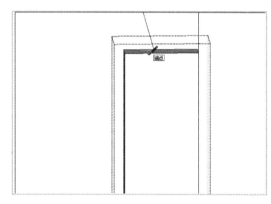

图 3-77　连接端点

第 11 步：移动鼠标光标到底边的绿色端点上单击，绘制第一条竖直线，如图 3-78 所示。

第 12 步：以同样的方法绘制其他线条，将鞋柜分成 9 等分，如图 3-79 所示。

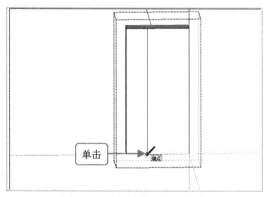

图 3-78　绘制第一条竖直线

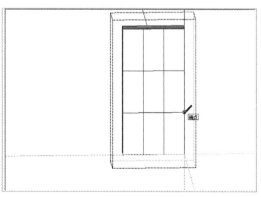

图 3-79　绘制其他直线

第13步：选择中心的矩形，按〈P〉键启用"推/拉"工具，向后推拉制作中心空洞效果，如图3-80所示。

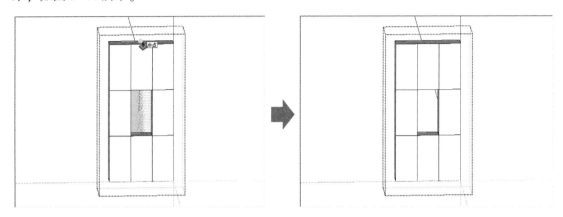

图3-80 制作中心空洞效果

3.4.2 鞋柜百叶

要在鞋柜的每一个矩形中添加百叶效果，可直接使用1001建筑插件中的"在选定的面上创建百叶"功能。下面为读者讲解鞋柜百叶的制作方法。

1. 手动添加门框效果

第01步：在鞋柜中选择左上角的矩形，按〈F〉键启用"偏移"工具，向内偏移20 mm，如图3-81所示。

第02步：选择偏移后的矩形，按〈P〉键启用"推/拉"工具，将矩形向内推拉15 mm，如图3-82所示。

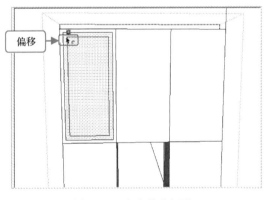

图3-81 向内偏移矩形

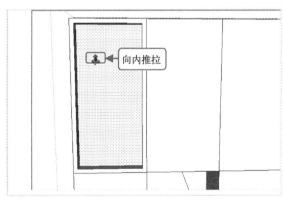

图3-82 制作凹面

第03步：选择刚偏移得到的矩形，按〈F〉键启用"偏移"工具，继续向内偏移15 mm，如图3-83所示。

第04步：选择两个矩形之间区域，按〈P〉键启用"推/拉"工具，向外推拉10 mm，制作木条隔断间隔，如图3-84所示。

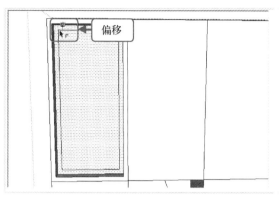

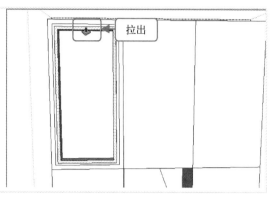

图 3-83　继续向内偏移矩形	图 3-84　推拉出木条隔断间隔

第 05 步：按住〈Shift〉键依次选择门框的组成对象，按〈Ctrl+G〉组合键将所选对象组合为一个整体，如图 3-85 所示。

第 06 步：复制粘贴组合的门框到鞋柜面上的每一个小矩形中，如图 3-86 所示。

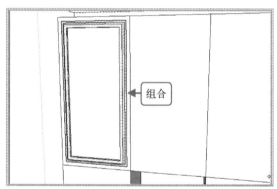

图 3-85　组合制作的门框	图 3-86　复制粘贴组合的门框

2. 制作百叶效果

在 1001 建筑插件中自带 6 种百叶样式，读者可以直接选择并简单设置几个重要参数，就能直接套用，不用复杂的手动绘制，操作方法如下。

第 01 步：在"1001bit pro"面板中单击"在选定的面上创建百叶"按钮，打开"创建百叶"对话框，如图 3-87 所示。

第 02 步：在"创建百叶"对话框中，调整"百叶样式"为 5，设置"百叶宽""百叶间距"分别为 30 mm 和 50 mm，单击"创建百叶"按钮，如图 3-88 所示。

第 03 步：在门框中的矩形中单击添加百叶，如图 3-89 所示。

第 04 步：由于百叶没有填满整个门框，选择它按〈S〉键进入编辑状态，将鼠标光标移到上面的红点上，按住鼠标左键不放，向上拖动调高让其完全贴合到门框内边上，如图 3-90 所示。

第 05 步：复制已添加好的百叶，并将其粘贴到鞋柜的其他门框中，如图 3-91 所示。

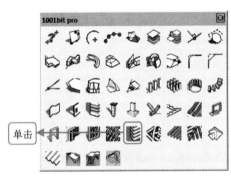

图 3-87　启用创建百叶功能

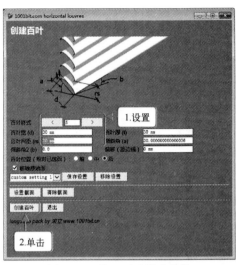

图 3-88　设置百叶样式参数

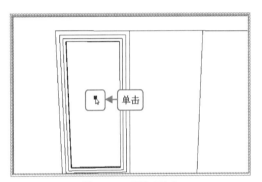

图 3-89　添加百叶

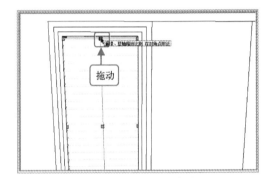

图 3-90　调整百叶高度

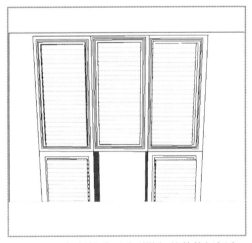

图 3-91　复制粘贴百叶到鞋柜的其他门框中

3.4.3 柜体抽缝

除了直接套用 1001 建筑插件中已有的模型外，可以根据实际情况或是客户要求制作鞋柜模型。

下面以制作鞋柜抽缝装饰样式为例，为读者讲解制作个性化鞋柜装饰的操作，帮助读者突破固化思维，灵活学习和使用。

第 01 步：打开"素材文件/第 3 章/抽缝 . skp"文件，在模型上双击进入组编辑状态，按〈L〉键启用"直线"工具，绘制两条直线，如图 3-92 所示。

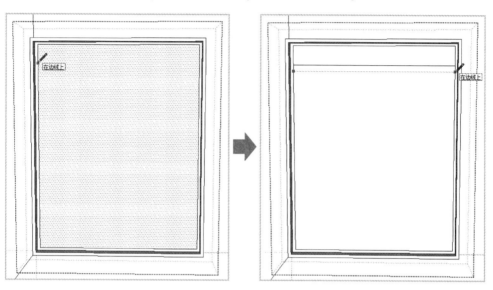

图 3-92　绘制抽缝线条

第 02 步：选择绘制的两条直线，按〈M〉键，按住〈Ctrl〉键同时移动鼠标光标到目标位置，单击鼠标快速复制一组抽缝直线，如图 3-93 所示。

第 03 步：输入"/10"，按〈Enter〉键绘制矩阵，如图 3-94 所示。

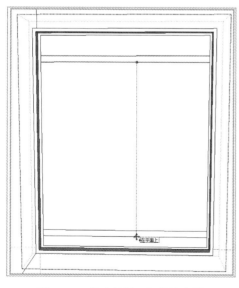

图 3-93　移动复制一组抽缝直线　　　　图 3-94　自动绘制一组矩阵

第 04 步：按〈P〉键启用"推/拉"工具，在两条直线之间的间隔上推拉，制作出抽缝效果，如图 3-95 所示（为了让读者更好地观察抽缝效果，这里特将效果图的角度进行了旋转）。

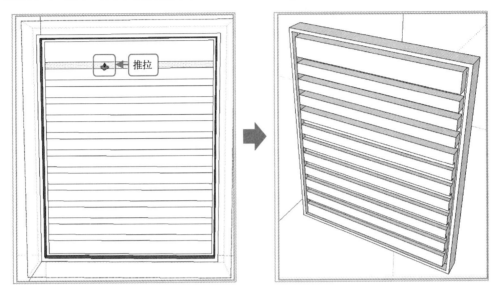

图 3-95　推拉出抽缝效果

　　这里讲解的鞋柜建模方式，不仅适用于各种鞋柜模型的制作，还适用于酒柜、衣柜等模型的制作。

第 04 章　吊顶和地面的制作

　　古诗"相好端严具足尊，五彩黄金妙装饰"直观地阐述了装饰/修饰的重要作用——锦上添花。在家装设计中同样如此，特别是为顶棚添加吊顶、为地面墙角添加波导线和墙角线，既能遮盖一些线路或因材质风格不同形成的边线，又能提升细节品质，锦上添花。

　　在本章中笔者将为读者讲解客餐厅吊顶、地面墙角线和波导线模型的制作方法。

4.1　吊顶

　　吊顶是指房屋顶部的一种装饰，可将其简单理解为顶棚的装饰。在家装中常见吊顶包括：客厅吊顶、过道吊顶和餐厅吊顶等。建模方法大同小异，读者只需掌握一两款典型的建模方法就能举一反三。

4.1.1　客厅吊顶

　　要制作图 4-1 所示的客厅吊顶模型，可分为 3 部分：暗藏灯、吊顶叠积和筒灯安装。

1. 制作暗藏灯模型

　　制作暗藏灯模型，其实就是制作安装灯的暗槽。方法很简单，只需在推拉时借助〈Ctrl〉键就能轻松完成，具体操作方法如下。

　　第 01 步：打开"素材文件/第 4 章/客厅吊顶 .skp"文件，选择"吊顶"图层，按〈T〉键切换到顶视图，按〈R〉键启用"矩形"工具绘制矩形，并将其创建群组，如图 4-2 所示。

　　第 02 步：双击进入组编辑状态，按〈F〉键启用"偏移"工具向内偏移，如图 4-3 所示。

　　第 03 步：选择偏移的面，向外推拉 100 mm，如图 4-4 所示。

　　第 04 步：按住〈Ctrl〉键，再次向内推拉 100 mm，如图 4-5 所示。

　　第 05 步：选择推拉出的面，按〈Delete〉键将其删除，如图 4-6 所示。

　　第 06 步：选择图 4-7 左图所示的左侧面，推拉 200 mm，推拉出暗藏灯的第一个内槽如图 4-7 所示。

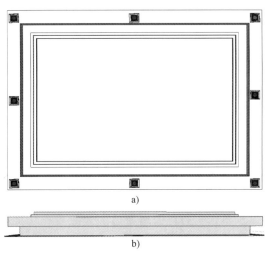

图 4-1　客厅吊顶模型

a）顶视图　b）右视图

图 4-2　在"吊顶"图层上绘制矩形

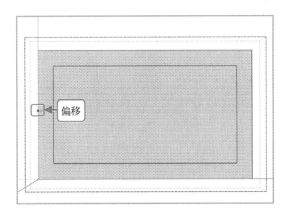

图 4-3　向内偏移

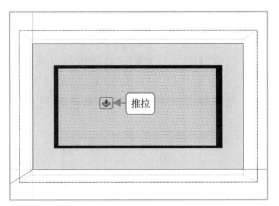

图 4-4　向内推拉

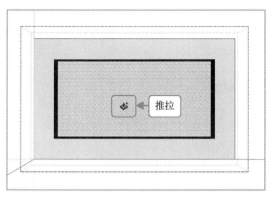
图 4-5 再次向内推拉

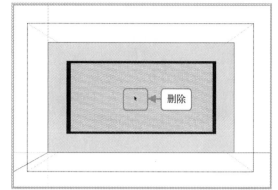
图 4-6 删除推拉出的面

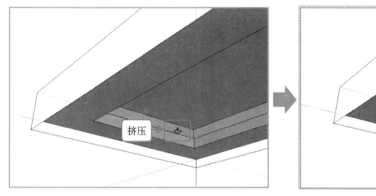
图 4-7 推拉出暗藏灯的第一个内槽

第 07 步：在另一侧的暗藏灯内槽面上双击，自动向内推拉 200 mm，推拉出暗藏灯的第二个内槽如图 4-8 所示。

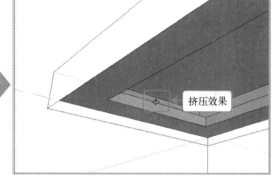
图 4-8 推拉出暗藏灯的第二个内槽

第 08 步：在剩余两侧的暗藏灯内槽面上双击，自动向内推拉 200 mm，推拉出暗藏灯的剩余内槽如图 4-9 所示。

2. 制作吊顶叠积模型

制作吊顶叠积模型非常简单，只需进行两次偏移两次推拉，最后进行平面的翻转和确定平面方向即可，具体操作方法如下。

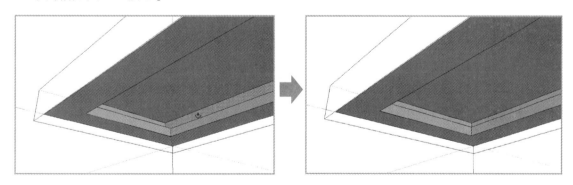

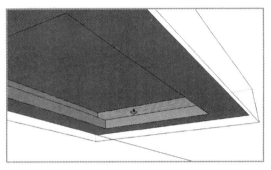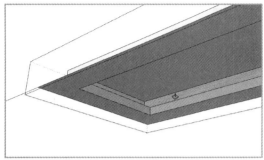

图 4-9　推拉出暗藏灯的剩余内槽

第 01 步：打开"素材文件/第 4 章/客厅吊顶 1.skp"文件，双击进入组编辑状态，选择最小的面，然后向内偏移 100 mm，如图 4-10 所示。

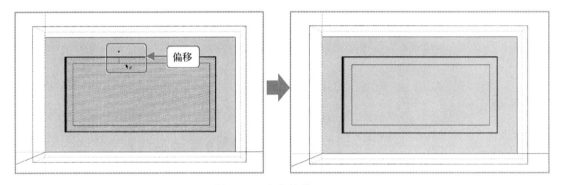

图 4-10　向内偏移 100 mm

第 02 步：选择刚偏移面的边线，再向内偏移 30 mm，如图 4-11 所示。

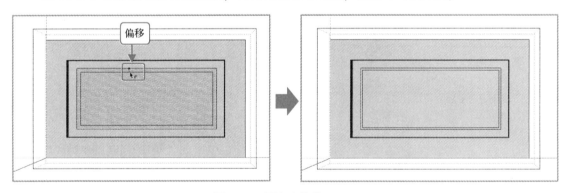

图 4-11　再向内偏移 30 mm

第 03 步：选择偏移的面，向外推拉 30 mm，如图 4-12 所示。

第 04 步：继续向内偏移 30 mm，如图 4-13 所示。

第 05 步：选择偏移的面，向外推拉 30 mm，如图 4-14 所示。

第 06 步：在推拉的面上单击鼠标右键，在弹出的快捷菜单中选择"反转平面"命令，反转平面，如图 4-15 所示。

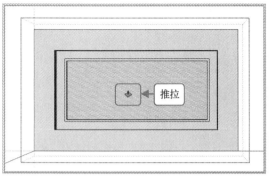

图 4-12　向外推拉 30 mm

图 4-13　继续向内偏移 30 mm

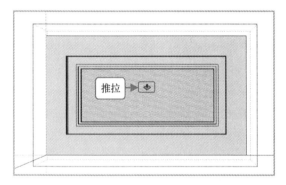

图 4-14　向外推拉 30 mm

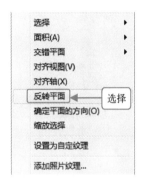

图 4-15　选择"反转平面"命令

第 07 步：在推拉的面上再次单击鼠标右键，在弹出的快捷菜单中选择"确定平面的方向"命令，确定平面方向，如图 4-16 所示。

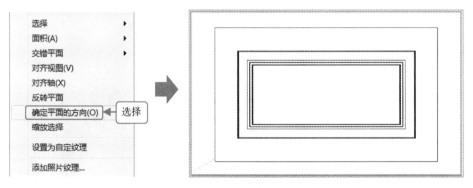

图 4-16　确定平面方向

3. 筒灯安装

大多数客厅吊顶都会有筒灯等配置，但这些配置不需要手动绘制，可直接在线下载添加，具体操作方法如下。

第 01 步：打开"素材文件/第 4 章/客厅吊顶 2.skp"文件，打开"组件"对话框，在搜索栏中输入"筒灯"，单击"搜索"按钮，如图 4-17 所示。

第 02 步：在搜索的结果选项中选择下载，如选择"灯具-筒灯"选项，如图 4-18 所示。

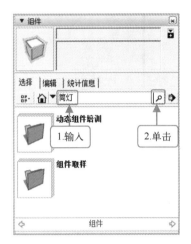

图 4-17　在线搜索筒灯　　　　　　图 4-18　下载指定筒灯

第 03 步：下载完成后，鼠标光标变成筒灯样式，在吊顶的合适位置单击放置，然后，用复制粘贴或是移动复制的方式在吊顶上制作其他筒灯，如图 4-19 所示。

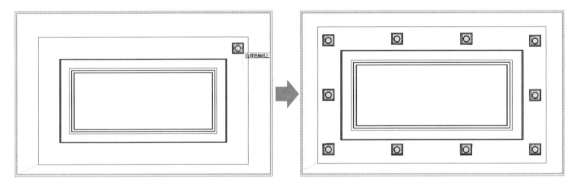

图 4-19　在吊顶上添加筒灯

 　　　过道吊顶与客厅吊顶的制作方法基本相同，只是少一些吊顶上的叠积装饰效果，其他制作方法相同。

4.1.2　餐厅吊顶

餐厅吊顶的制作与客厅或过道吊顶一样，都是带有暗藏灯的矩形造型，因此可直接用相同的方法制作。但如果是制作图 4-20 所示的圆形造型，则有所不同，需要借用"坯子助手"中的工具进行直线封顶操作。

具体的操作方法如下。

第 01 步：打开"素材文件/第 4 章/餐厅吊顶.skp"文件，选择"餐厅吊顶"图层，切

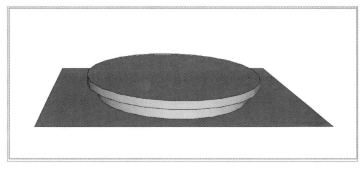

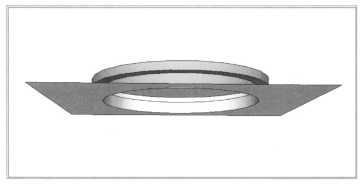

图 4-20　餐厅吊顶模型

换到顶视图，按〈R〉键启用"矩形"工具绘制矩形，然后将其创建群组，如图 4-21 所示。

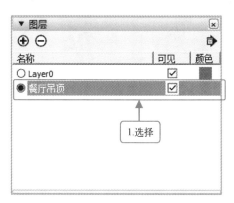

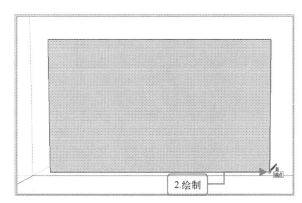

图 4-21　在"餐厅吊顶"图层中绘制矩形

　　第 02 步：双击矩形进入编辑状态，按〈L〉键启用"直线"工具，绘制矩形对角线，如图 4-22 所示。

　　第 03 步：按〈C〉键启用"圆形"工具，在对角线的中点上单击，如图 4-23 所示。

　　　　　在本例中使用"直线"工具，绘制对角线的目的：绘制圆形时，辅助找到中心点位置。

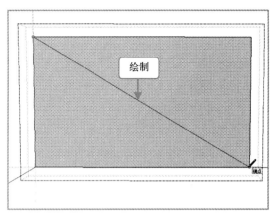

图 4-22　绘制对角线

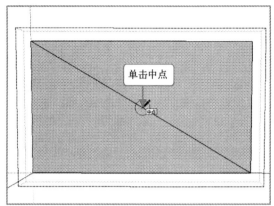

图 4-23　调用"圆形"工具并单击对角线中点

第 04 步：按住鼠标左键不放绘制适当大小的圆形，然后按〈Esc〉键退出"圆形"工具，如图 4-24 所示。

第 05 步：按住〈Shift〉键，将对角线全部选择（绘制圆形后已将对角线分成了 3 段），按〈Delete〉键将其删除，如图 4-25 所示。

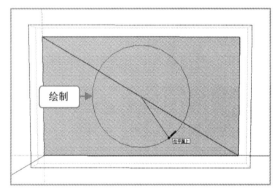

图 4-24　绘制圆形

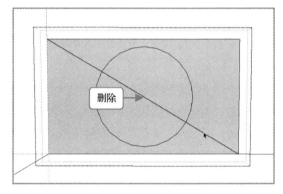

图 4-25　删除对角线

第 06 步：选择圆形面，向外推拉，如图 4-26 所示。

第 07 步：选择推拉出的面的边线，按〈F〉键向外偏移，如图 4-27 所示。

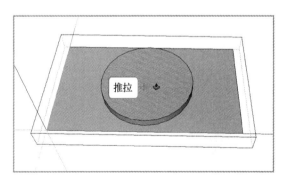

图 4-26　向外推拉

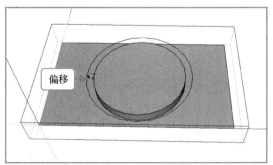

图 4-27　向外偏移

在制作圆形吊顶模型时，必须在矩形面中绘制圆形，如果单独绘制圆形对象，在向外偏移边线时（第 07 步）将无法完成。

第 08 步：选择内圆面，按〈Delete〉键将其删除，如图 4-28 所示。

第 09 步：在外圆边线上单击，选择整条边线，如图 4-29 所示。

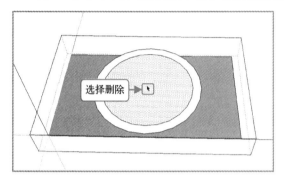

图 4-28　删除内圆面

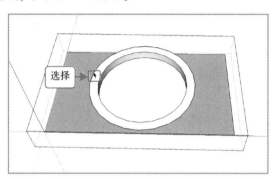

图 4-29　选择整个外边线

第 10 步：在"坯子助手"工具面板中单击"拉线成面"图标按钮，将鼠标光标移到刚选择的边线断点上，如图 4-30 所示。

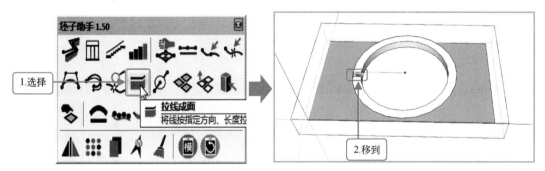

图 4-30　调用"坯子助手"中的"拉线成面"工具

第 11 步：按住鼠标左键不放在垂直方向上移动，SketchUp 自动根据边线生成面，如图 4-31 所示。

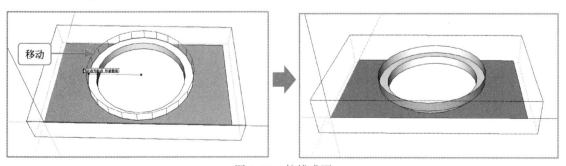

图 4-31　拉线成面

第 12 步：选择整个吊顶对象，进入编辑状态，使用"直线"工具在顶端外圆上绘制直线，用"拉线成面"工具实现自动封顶，然后选择直线将其删除，如图 4-32 所示。

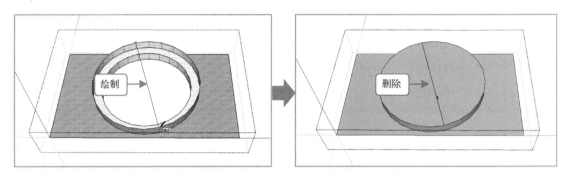

图 4-32　自动封顶

　　绘制直线的起点和终点一定要在外圆的边线上，否则 SketchUp 无法实现自动封顶。

4.2　地面墙角线和波导线

　　墙角线与波导线虽然只是房屋装饰中的细节，但很多客户也很注重。下面分别介绍两者的建模方法。

4.2.1　墙角线

　　墙角线主要是用来遮盖墙面与顶棚或与地面所形成的墙角，不仅能用于遮盖线路、遮盖缝隙，还能修饰墙面与地面出现的色差。制作的方法主要有两种：一是手动推拉制作，二是借助插件制作。

　　以制作图 4-33 所示的墙角线为例。

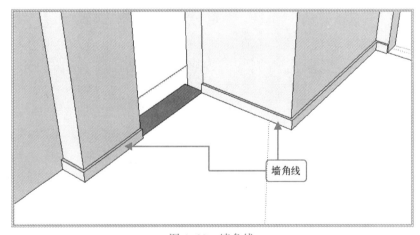

图 4-33　墙角线

1. 手动推拉制作

制作墙角线最传统保守的方法是利用"直线"工具和"推/拉"工具制作，具体操作方法如下。

第 01 步：打开"素材文件/第 4 章/墙角线 .skp"文件，新建并切换到"墙角线"图层，然后使用"直线"工具沿着墙角绘制直线，如图 4-34 所示。

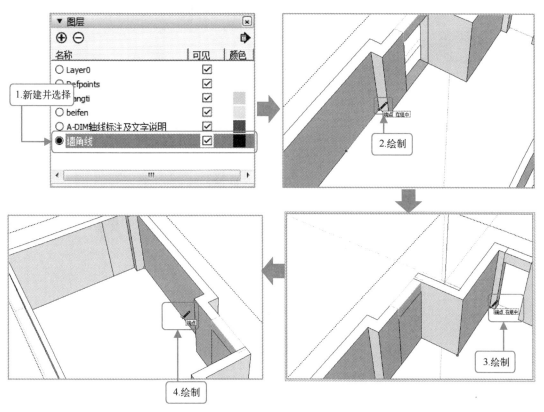

图 4-34　沿着墙角绘制直线

第 02 步：选择整个墙体，单击鼠标右键，在弹出的快捷菜单中选择"隐藏"命令，隐藏墙体，如图 4-35 所示。

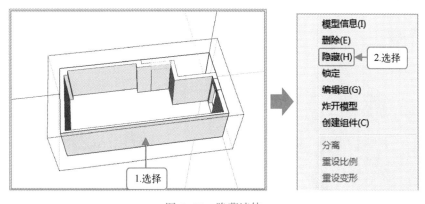

图 4-35　隐藏墙体

> 如果在沿着墙角绘制直线时，能一次性连接完整并闭合，则不需要隐藏墙体查看有无闭合的地方，更不需要使用直线进行连接。

第 03 步：将断开的地方用直线连接起来，使其闭合，如图 4-36 所示。

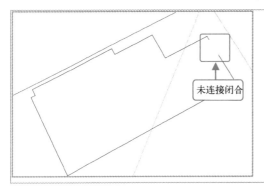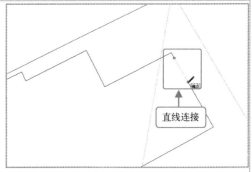

图 4-36 使用直线连接

第 04 步：3 击选择整个线和面，单击鼠标右键，在弹出的快捷菜单中选择"创建群组"命令将线和面组合在一起，如图 4-37 所示。

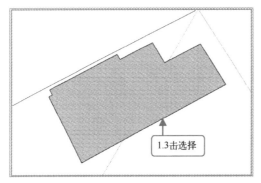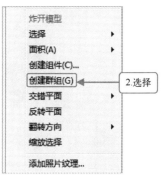

图 4-37 组合

第 05 步：双击进入组编辑状态，选择边线，向内偏移 30 mm，如图 4-38 所示。

第 06 步：选择偏移的面，使用"推/拉"工具推拉 50 mm 的高度，建成墙角线造型，如图 4-39 所示。

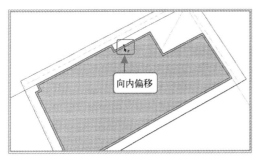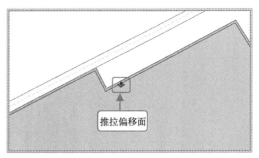

图 4-38 向内偏移 30 mm　　　　　　　　　　图 4-39 推拉出墙角线

第 07 步：单击"编辑"菜单，选择"取消隐藏"→"全部"命令，如图 4-40 所示。

第 08 步：使用"推/拉"工具，将不需要墙角线推除掉（如门洞、窗洞、背景墙的地方不需要墙角线，需要推掉），如图 4-41 所示。

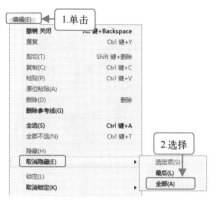

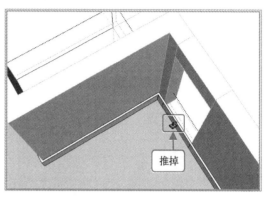

图 4-40　将隐藏的墙体重新显示

图 4-41　推掉不需要的墙角线

2. 借助插件制作

在"坯子助手"中有"拉线成面"的工具（在制作圆形吊顶模型时已使用过）可以快速将线制作成一个面。在制作墙角线时，可直接使用它快速完成，具体操作方法如下。

第 01 步：打开"素材文件/第 4 章/墙角线 1.skp"文件，使用"直线"工具勾勒墙体走势线，然后将其选择，如图 4-42 所示。

第 02 步：在"坯子助手"工具面板中选择"拉线成面"工具，如图 4-43 所示。

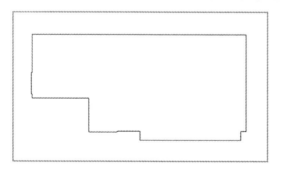

图 4-42　勾勒墙体走势线并选择

图 4-43　选择"拉线成面"插件工具

第 03 步：将鼠标光标移到直线的边线上，在蓝色轴线上向上提拉，快速创立面，如图 4-44 所示。

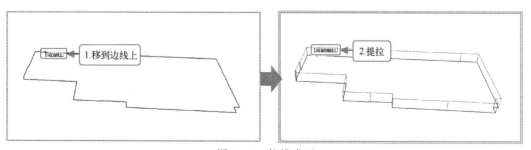

图 4-44　拉线成面

第 04 步：使用"推/拉"工具将提拉的面推拉成立体的墙角线，然后推掉不需要的墙角线，如图 4-45 所示。

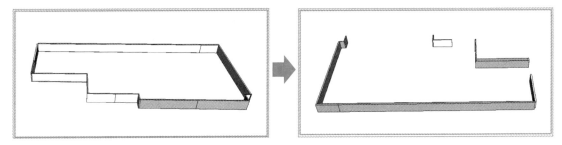

图 4-45　制作立体的墙角线

4.2.2 借助插件制作复杂墙角线

墙角线不仅仅是中规中矩的造型，还有很多其他造型，如纹路等，如图 4-46 所示。这时用手动制作的方法将会非常复杂，可借助"轮廓放样"中的"创建'构建'"功能插件进行制作。

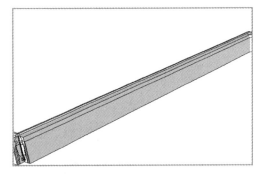 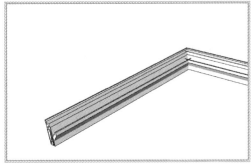

图 4-46　复杂纹路墙角线造型

具体操作方法如下。

第 01 步：打开"素材文件/第 4 章/纹路墙角线.skp"文件，使用"直线"工具勾勒墙体走势线，将门洞、窗洞等不需要墙角线的地方开口，然后选择绘制好的形状，如图 4-47 所示。

第 02 步：在"轮廓放样 2"工具面板中选择"创建'构件'"插件工具，如图 4-48 所示。

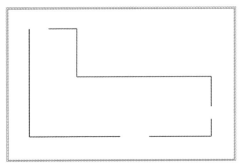 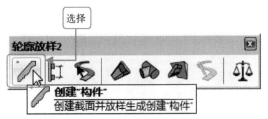

图 4-47　勾勒墙体走势线　　　　　图 4-48　选择"创建'构件'"插件工具

第 03 步：在打开的"创建'构件'"对话框中单击"选择截面"按钮 Q，打开"选择截面"对话框，选择"构件"样式如图 4-49 所示。

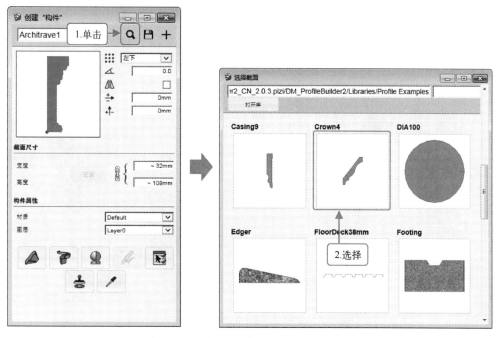

图 4-49　选择"创建'构件'"插件工具

第 04 步：选择放置位置，单击"沿路径生成"按钮，在打开的提示对话框中单击"是"按钮，如图 4-50 所示。

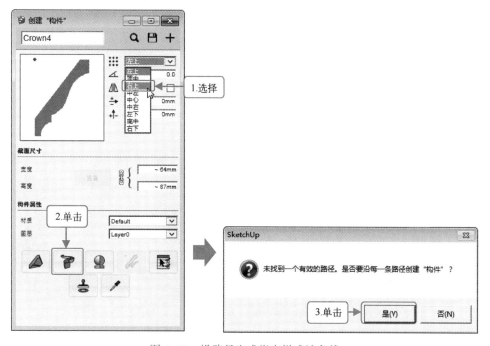

图 4-50　沿路径生成指定样式墙角线

4.2.3 地面波导线

　　地面波导线主要作用是将地面材质分割，制作方法非常简单，只需沿着墙体勾勒闭合线条，形成地面，然后向内偏移即可，如图 4-51 所示。

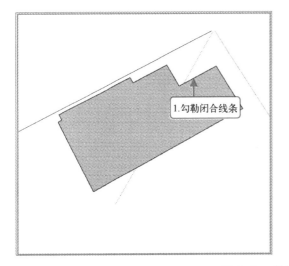
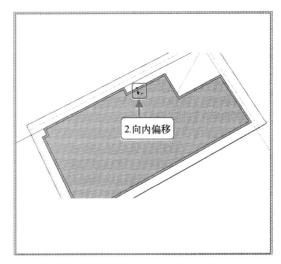

图 4-51　制作地面波导线

第 05 章　模型导入和相机视图的创建

> 在 SketchUp 中，墙体、门窗、电视柜、鞋柜、吊顶等模型都可以手动创建。不过，家具、装饰、厨具以及电器等模型不必手动创建，原因有两个：一是创建过程较为烦琐，需要花费大量的时间和精力；二是可以在线直接下载添加。另外，为了更好地展示指定空间效果，可从指定视角向客户展示。
>
> 为了让读者能更快、更好地掌握这两方面的操作技能，在本章中笔者将讲解工作中最实用和最好用的方法。

5.1　模型导入

下面为读者介绍几种常用的模型导入和整理的方法。

5.1.1　在线获取模型

在线获取室内设计模型主要有两大途径：一是在 SketchUp 官方网站下载获取，二是第三方的 3dwarehouse 网站（大多数是收费）。前者有两个下载途径：一是在 SketchUp 软件的"组件"对话框上进行在线搜索下载，二是打开"SketchUp 吧"网站进行下载，后者可以直接在网站的搜索引擎中搜索。下面分别进行展开讲解。

1. 在"组件"对话框中搜索

SketchUp 自带在线下载指定模型功能，只需在"组件"对话框的"选择"选项卡中搜索下载，然后选择喜欢的模型样式添加到指定位置，具体操作方法如下。

第 01 步：打开"素材文件/第 5 章/添加台灯模型.skp"文件，在"组件"对话框中单击"选择"选项卡，在搜索栏中输入要搜索的模型名字，如"台灯"，按〈Enter〉键搜索，在搜索到的模型选项中选择，如图 5-1 所示。

第 02 步：选择后 SketchUp 自动下载，下载完成后鼠标光标随即变成模型样式，将其移到指定位置安放，如图 5-2 所示。

2. 在"SketchUp 吧"网站中下载

对于单个模型，首选通过"组件"对话框搜索获取，但对于成套的家具模型则较为便利的方式是：在"SketchUp 吧"网站中进行下载，具体操作方法如下。

第 01 步：在百度搜索引擎中输入"SketchUp 吧"，按〈Enter〉键搜索，在搜索的结果

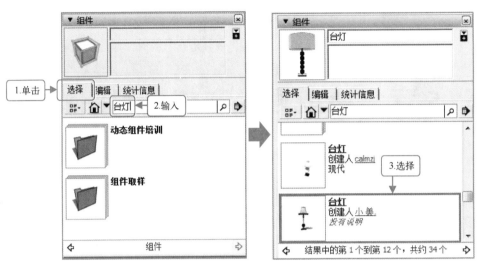

图 5-1　在"组件"对话框中搜索指定模型

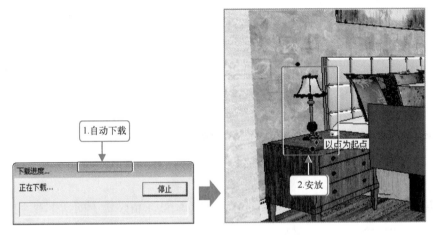

图 5-2　将下载的模型安放在指定位置

中单击"SketchUp 吧 – SketchUp 中文门户网站"超链接，如图 5-3 所示。

　　第 02 步：进入"SketchUp 吧"网页，在搜索栏中输入要搜索的模型名字，如输入"室内模型"，按〈Enter〉键搜索，在搜索的结果中选择相应模型，如图 5-4 所示。随后按向导操作下载（有些模型下载需要付费）。

　　　　在"SketchUp 吧"中一般不找单个模型，因为会很费时费力，通常找成套的模型，然后把墙体、吊顶和地面删除，把装饰品、电器、家具等模型保留。

　　第 03 步：打开下载的成套模型，将需要的单个模型复制粘贴或直接拖到目标文件中（若模型成组，则需炸开模型，解散群组），然后安放到合适的位置，效果如图 5-5 所示。

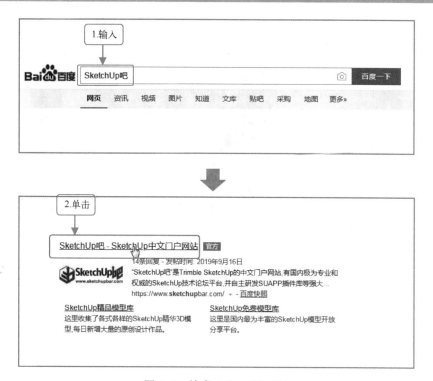

图 5-3　搜索"SketchUp 吧"

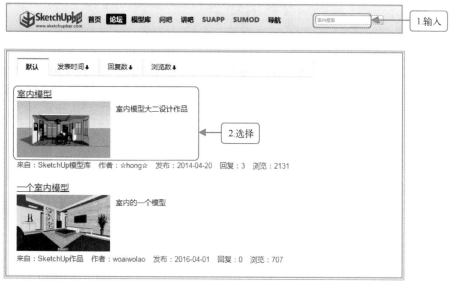

图 5-4　搜索想要的模型

3. 在 3dwarehouse 网站中下载

读者还可以在专业的 3dwarehouse 网站中下载，然后复制粘贴到自己的模型中，具体操作方法如下。

第 01 步：在网页搜索引擎中输入 3dwarehouse，按〈Enter〉键搜索，如图 5-6 所示。

图 5-5　将家具模型移动到合适的位置

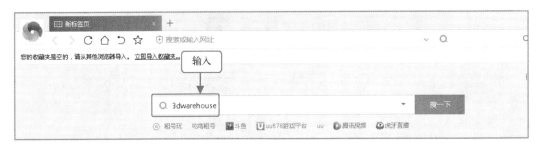

图 5-6　在搜索引擎中输入 3dwarehouse

第 02 步：在搜索的结果中，单击选择的 3dwarehouse 网站超链接，这里单击排在网页第一位的 3dwarehouse 网站超链接（https://www.sketchup.com/ih-CN/products/3d-warehouse），如图 5-7 所示。

图 5-7　单击选择的 3dwarehouse 网站超链接

第03步：在打开的网页中选择需要的模型，单击对应的下载按钮（商业网站很多模型需要付费），如图5-8所示。

图5-8　选择模型下载

5.1.2 导入本地模型

在设计中可直接导入已有的模型，方法有两种：一是打开模型文件进行复制，然后粘贴到目标SketchUp文件中；二是通过"导入"命令导入。前者较为简单，后者具体的操作方法如下。

第01步：单击"文件"菜单，在弹出的下拉菜单中选择"导入"命令，打开"导入"对话框，选择SketchUp模型，单击"导入"按钮，如图5-9所示。

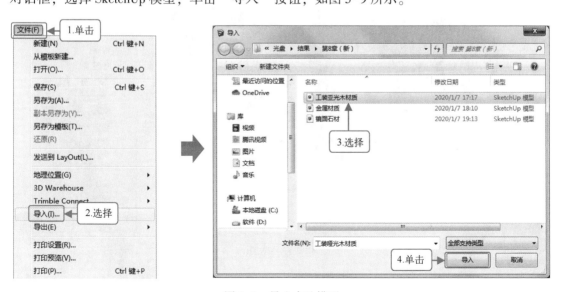

图5-9　导入本地模型

第 02 步：SketchUp 自动将选择的模型导入到当前场景中，单击鼠标确定模型的放置位置，如图 5-10 所示。

图 5-10　确认导入模型放置的位置

5.1.3　整理模型技巧

将外部模型导入或复制粘贴到当前 SketchUp 文件中，常见的整理方法包括：选择、删除、移动和旋转等。对于单一模型操作非常简单（如通过"材料"面板下载单个模型），只需进行简单的位置移动和方向旋转。不过对于成套家具模型，只需要某个或几个模型对象时，可借助反向选择技巧——一次性删除不需要的模型。

方法为：选择要保留的家具模型，并在其上单击鼠标右键，在弹出的快捷菜单中选择"反选"命令，选择其他所有模型，如图 5-11 所示，然后按〈Delete〉键删除。

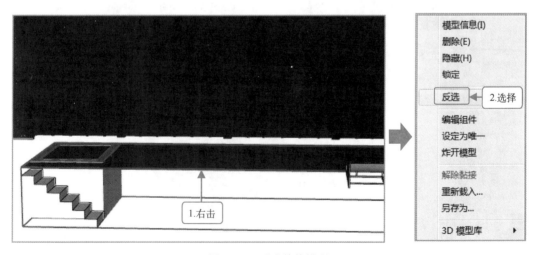

图 5-11　反选其他模型

5.2 相机视图创建

相机视图创建，可简单理解为在场景中创建观看视角，以便更好地展示指定角度或指定区域模型的构建效果。创建相机视图方法的核心操作有四点：一是视图模式切换，二是相机视角方向，三是场景的创建和视角角度的调整，四是两点视图开启。

下面通过在新建的场景中创建相机视图为例进行相关操作的讲解，操作方法如下。

第 01 步：打开"素材文件/第 5 章/卧室.skp"文件，单击"视图"菜单，选择"动画"→"添加场景"命令，如图 5-12 所示。

第 02 步：在新建的场景标签上单击鼠标右键，在弹出的快捷菜单中选择"场景"命令打开"场景"对话框，如图 5-13 所示。

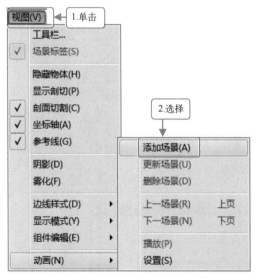

图 5-12 选择"添加场景"命令

图 5-13 选择"场景"命令

第 03 步：在新建的场景标签上单击鼠标右键，在弹出的快捷菜单中选择"重命名场景"命令，在打开的场景属性对话框中输入场景名，如"卧室"，如图 5-14 所示。

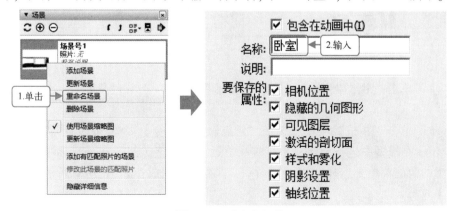

图 5-14 重命名场景

第 04 步：单击"相机"菜单，选择"标准视图"→"顶视图"命令，如图 5-15 所示。

第 05 步：单击"视图"菜单，选择"显示模式"→"线框显示"命令，如图 5-16 所示。

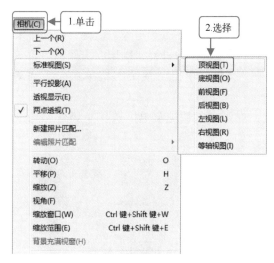

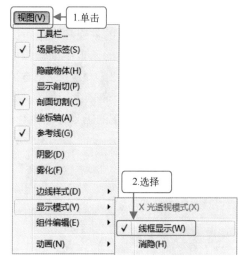

图 5-15　切换到顶视图　　　　　　　　　　图 5-16　开启线框显示

第 06 步：在"大工具集"面板中单击"定位相机"按钮，在模型图中绘制的相机点位视觉切入方向/视点，如图 5-17 所示，然后输入 1500。

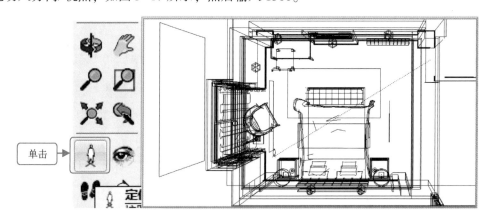

图 5-17　相机定位

第 07 步：单击"视图"菜单，选择"显示模式"→"着色显示"命令，如图 5-18 所示。

第 08 步：单击"相机"菜单，选择"两点透视"命令，如图 5-19 所示。

第 09 步：在模型中进行旋转、平移或视角远近的调整，然后在场景标签上单击鼠标右键，在弹出的快捷菜单中选择"更新"命令，保存设置完成，如图 5-20 所示。

图 5-18 选择"着色显示"命令

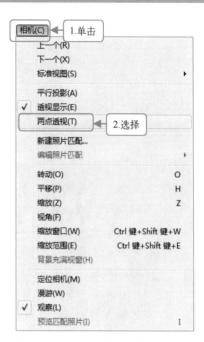

图 5-19 开启"两点透视"模式

图 5-20 旋转场景角度并进行更新保存设置

第 06 章　V-Ray for SketchUp 渲染技能

　　渲染原是国画中的一种技法，用水墨或颜色烘染物象，分出阴阳向背，以强化和丰富艺术形象，增强审美效果。而 V-Ray for SketchUp 也有异曲同工之妙，利用 V-Ray 设置材质的属性，为模型的各外表面赋予材质（包括贴图）、设置灯光照明以及背景等，以增强氛围，让材质和灯光更加真实。

　　在本章中笔者将结合多年的设计工作经验，为读者讲解一些实用的 V-Ray for SketchUp 渲染技能。

6.1　V-Ray3.4 渲染器的设置

　　对模型进行渲染前，读者先要掌握模型渲染重要参数的设置。根据多年的设计工作经验，笔者为读者总结了一些实用的设置技巧和方法，让读者可直接高效地用于实际工作中。

1. 渲染设置技巧

　　渲染设置分别有 5 个重要设置项：互动模式、渐进式、GPU 加速、渲染质量和降噪，其中的前 4 个如图 6-1 所示。为了帮助读者掌握理解它们，下面分别进行详细讲解。

　　1）互动模式：也叫实时渲染。不适用于大场景室内设计渲染，原因很简单，如果计算机配置不高，会出现卡顿现象。因此它适用于工业设计的单体渲染，如产品渲染等。

　　2）渐进式：没有开启渐进式渲染前 SketchUp 进行的是格子渲染，这样的弊端是：被渲染的地方是成品图，没有被渲染的地方是非成品图。因此不太适用于实际工作中，特别是时间比较紧张时。开启渐进式渲染后，哪怕是立马取消或是中断渲染，都是一张成品图，尽管质量比较不佳，但它是一种非常平均的处理方法。

　　3）GPU 加速：如果计算机配置有专业显卡，可以将其开启。如果是普通显卡，建议将其关闭。

图 6-1　渲染设置的重要设置项

4）渲染质量：它是V-Ray3.4版本中非常人性化的设置选项，可直接通过质量滑杆控制质量高低。它分为4个等级：草稿/低（渲染快捷，质量非常一般）、中、高和非常高。

> 高质量能满足绝大多数用户的要求。但笔者不建议调整到非常高，因为这样做对计算机配置要求高，且对于配置一般的计算机来说渲染所需时间会非常漫长。

5）降噪：让图片更加清晰和自然。图6-2所示为降噪前效果（很多噪点），图6-3所示为降噪后的效果（清晰很多）。

图6-2　降噪前噪点很多

图6-3　降噪后清晰很多

开启降噪的方法为：单击面板展开按钮，开启"降噪"开关，如图6-4所示。

图6-4　开启"降噪"开关

在渲染窗口中，需要进行切换操作才能实现降噪，操作方法为：单击窗口左上角的下拉选项按钮，将"RGB color"更换为"Denoiser"选项，如图6-5所示。为了避免渲染时来不及降噪，可在控制面板中将"降噪"的"更新频率"设置为 6，也就是 6 min 更新一次，如图 6-6 所示。

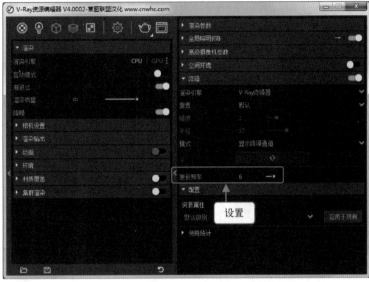

图 6-5 切换到"Denoiser"选项　　　　图 6-6 设置"更新频率"时间

2. 相机设置

对当前窗口的相机设置，有 3 种类型："标准""VR 球形场景"和"VR 立方体"。这里以讲解"标准"类型的"景深"设置为例，具体操作方法如下。

第 01 步：开启"景深"开关，将鼠标光标移到"焦点来源"图标按钮并单击，然后移到目标位置，如图 6-7 所示。

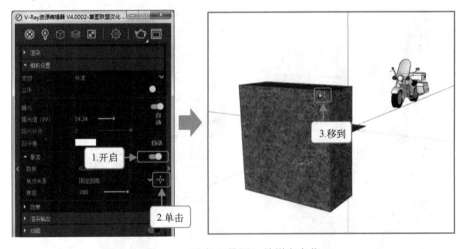

图 6-7 开启"景深"并指定点位

相机中的"曝光值"和"白平衡"用于调整光影和色调，一般情况下，建议读者用 Photoshop 调整。

第 02 步：单击"渲染"按钮进行"景深"方式渲染，如图 6-8 所示。

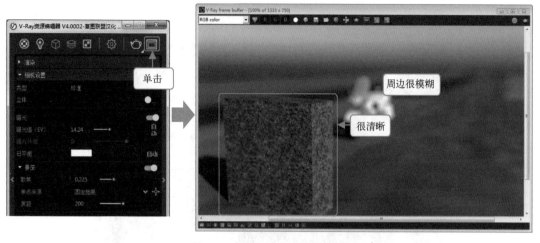

图6-8　"景深"方式渲染效果

　　散焦的数值越大周边模糊越强，数值越小周边模糊越弱。如果要得到类似望远镜的效果（周边有窗口的感觉）可开启"渐晕"。

3. 渲染输出

　　控制画面尺寸大小主要是指图像的宽度、高度和长宽比。渲染完成后的图像大小与设置大小完全一样（只需在渲染窗口中单击"保存"按钮，在打开的对话框中进行保存即可）。如果要制作竖构图，可将"长宽比"参数切换为"自定义"，将"高度"设置为1.5、"宽度"设置为1，如图6-9所示。

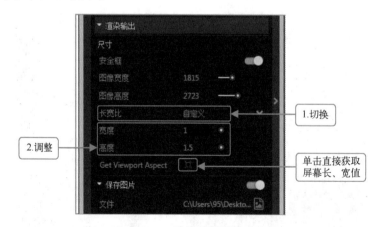

图6-9　设置竖构图尺寸

4. 环境设置

　　环境设置主要设置两个方面：背景颜色（环境颜色/天空颜色）和贴图（控制环境背景，默认的是太阳光）。其中，常设置的参数有5个，分别是："混浊度""臭氧""强度""尺寸"和"过滤颜色"。

　　其中"混浊度"数值越高，灯光越暖，灯光的光照度越差。"臭氧"数值越高光照度越差，如图 6-10 所示。

图 6-10 "混浊度"和"臭氧"参数解释

一般情况下很少通过"混浊度"和"臭氧"参数来调整光照的冷暖和强弱程度，而是通过"颜色"和"强度倍增"（直接更改数字）来调整，如图 6-11 所示。

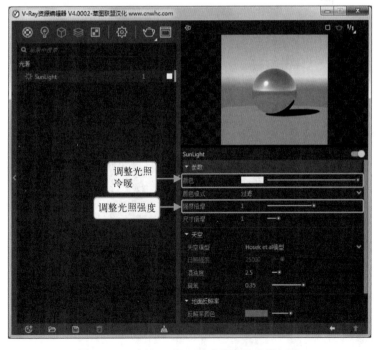

图 6-11 "颜色"和"强度倍增"参数解释

其中，"颜色"的设置需单击"颜色"项对应的色块按钮，在打开的"色彩选择器"对话框中更换或调整颜色，如图6-12所示。

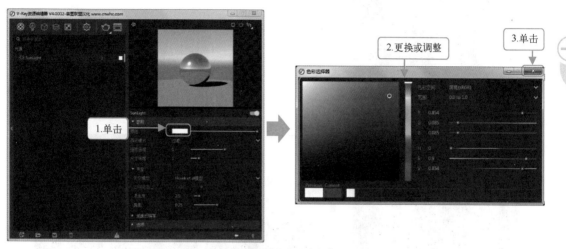

图6-12　设置"过滤颜色"

另外，"尺寸"参数数值越高光照的阴影更虚化也更真实。若参数为1，阴影边缘比较硬（明显）。图6-13所示"尺寸"参数为3.5，阴影边缘做了明显的虚化/柔化处理。图6-14所示"尺寸"参数为1，阴影边缘很明显。

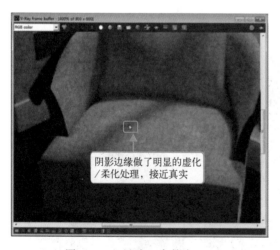

图6-13　"尺寸"参数为3.5

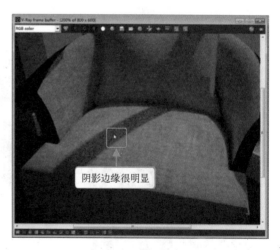

图6-14　"尺寸"参数为1

如果觉得上面的方法比较麻烦，也可以进行单一颜色调整，下面以黄色为例，具体的操作方法如下。

> 做室内设计，一般以淡蓝色为主。

第01步：取消选中"背景"项的"复选框"，单击其对应的色块按钮，在打开的"色彩选择器"对话框中选择或调整颜色，如图6-15所示。

图 6-15　选择环境背景颜色

第 02 步：输入"背景"参数为 1，展开参数面板，单击"太阳光灯光"选项卡，单击"SunLight"滑块开关将其关闭，如图 6-16 所示。

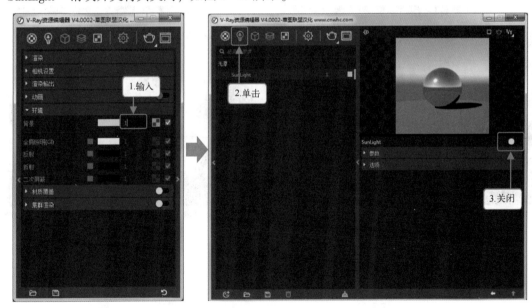

图 6-16　输入"背景"参数并关闭"太阳光灯光"

第 03 步：单击"渲染"按钮，渲染出效果，如图 6-17 所示。

5. 材质覆盖

材质覆盖分为两种：覆盖颜色（主要是测试灯光强度）和覆盖材质。下面分别介绍两种材质覆盖的具体操作方法。

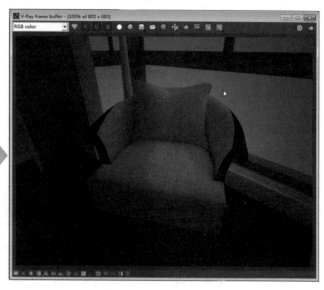

图 6-17　渲染出效果

覆盖颜色，只需单击对应的颜色按钮，在弹出的拾色器中选择颜色即可，这里就不再赘述。覆盖材质的具体操作方法为：单击"覆盖材质"下拉按钮，在弹出的下拉列表中选择相应的材质，然后单击"渲染"按钮进行渲染，如图 6-18 所示。

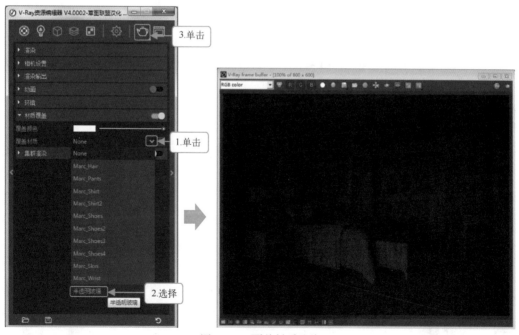

图 6-18　覆盖材质渲染

 如果用材质覆盖，可对"反射""高光"和"透明度"等参数进行相应调整。

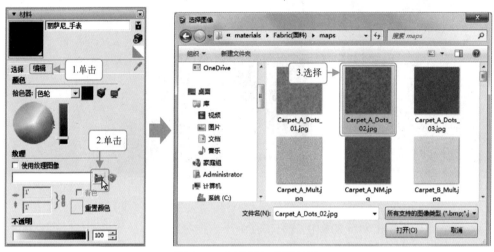

补充 手动添加外部材质。

要将外部材质手动添加到材质库中备用，只需在"材料"对话框中单击"编辑"选项卡，在打开的选项卡中单击"浏览材质文件"按钮，在打开的"选择图像"对话框中找到材质图片的保存位置，选择要添加的材质图像，单击"打开"按钮，即可完成添加如图6-19所示。

图 6-19　手动添加外部材质

6.2　SketchUp 材质实用技巧

上一节我们学习了 V-Ray3.4 渲染器的一些常用参数设置，本节笔者将向读者讲解几个常用的 SketchUp 材质实用技巧。

6.2.1　赋予基本材质

要将 SketchUp 默认的材质赋予模型，只需在"材料"对话框中选择相应的材质，然后在对象物体上单击赋予。赋予过程中有两种操作：一是单个面的赋予材质（选择材质后直接在对应的面上单击），如图 6-20 所示。二是整体的赋予材质（选择材质后按住〈Ctrl〉键，在任一面上单击），如图 6-21 所示。

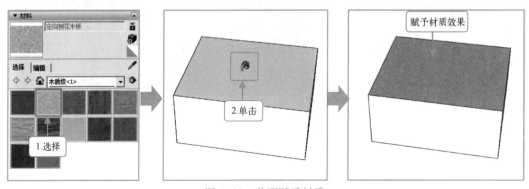

图 6-20　单面赋予材质

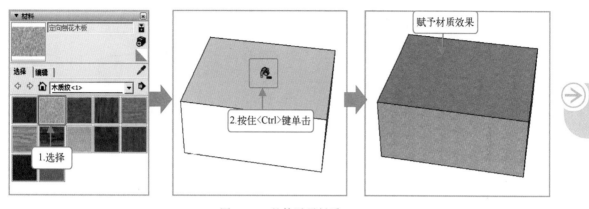

图 6-21 整体赋予材质

6.2.2 吸取材质

要将已有的模型（或面）材质赋予到另一物体（或另一面），可直接吸取赋予。

方法为：在"大工具集"面板中单击"材质"图标按钮，按〈Alt〉键，鼠标光标变成吸管形状，在源材质上单击快速吸取材质，然后在目标材质面（或整体）上单击赋予，如图 6-22 所示。

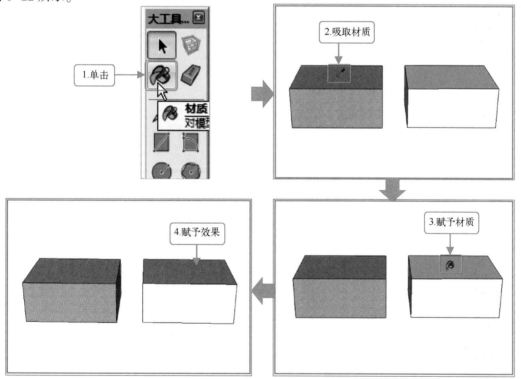

图 6-22 吸取赋予材质

6.2.3 曲面物体材质设置

对于曲面物体进行材质赋予后，容易出现一些异常，特别是使用"坯子助手"的"拉线成面"工具后，容易出现这样的异常，如图 6-65 所示。

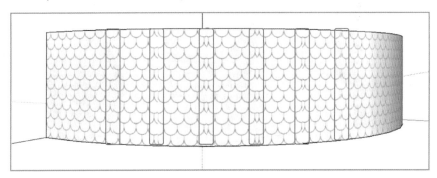

图 6-23 曲面物体赋予材质时的异常

这时，需要借助"纹理"的"投影"命令来处理，具体操作方法如下。

第 01 步：打开"素材文件/第 6 章/曲面物体纹路处理 .skp"文件，单击"视图"菜单，选择"隐藏物体"命令，然后选择任一面并在其上单击鼠标右键，如图 6-24 所示。

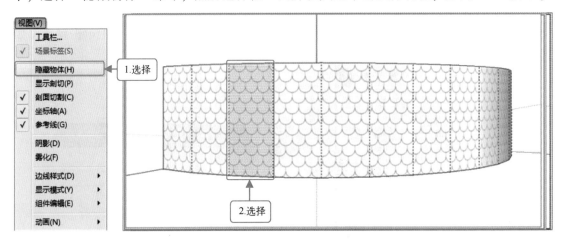

图 6-24 隐藏物体并选择面

第 02 步：在弹出的快捷菜单中选择"纹理"→"投影"命令，在任一面吸取材质，如图 6-25 所示

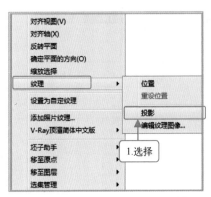
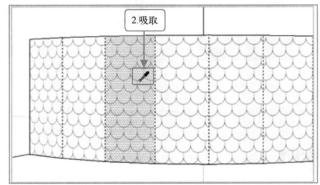

图 6-25 开启纹理投影并吸取材质

第03步：按住〈Ctrl〉键依次赋予材质给其他面，将填充材质显示正常，如图6-26所示。

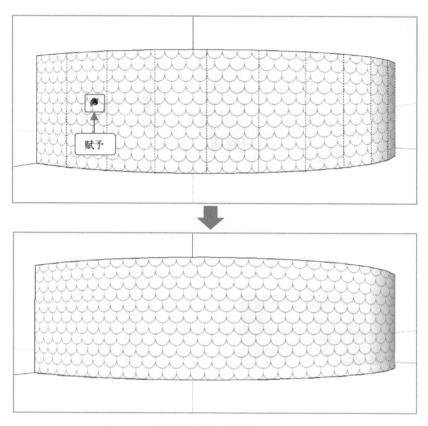

图6-26　赋予材质让整体材质纹理显示正常

6.2.4 贴图编辑

为物体或模型赋予材质后，有时需要对材质纹路进行调整，使其更美观或更符合实际需要。方法是在"材料"对话框的"纹理"选项组中输入宽度和高度数值，进行整体调整，如图6-27所示。

若要对单个面的纹理进行调整，需要借助"纹理"的"位置"命令来进行手动调整，具体方法为：在要调整材质纹理的面上单击鼠标右键，在弹出的快捷菜单中选择"纹理"→"位置"命令，如图6-28所示。

进入材质纹理编辑调整状态（出现4个控制柄），通过4个控制柄灵活调整纹理状态，如图6-29所示。

6.2.5 快速清除场景未使用材质

场景中的材质与"V-Ray资源编辑器"相互关联，也就是在"V-Ray资源编辑器"中既可列出场景中的材质，也可以吸取或赋予指定材质。为了在"V-Ray资源编辑器"中只显示当前场景中的材质，可将多余或没有用上的材质一键清除。

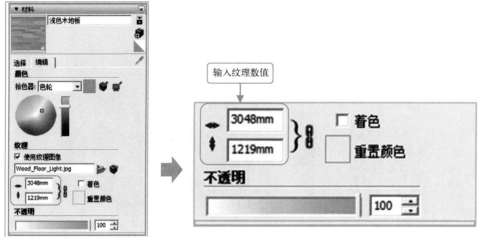

图 6-27　调整纹理

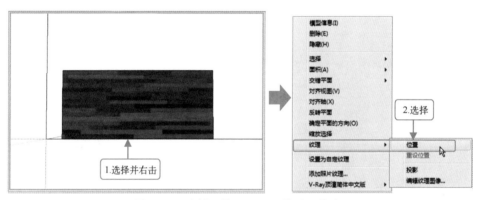

图 6-28　选择"纹理"→"位置"命令

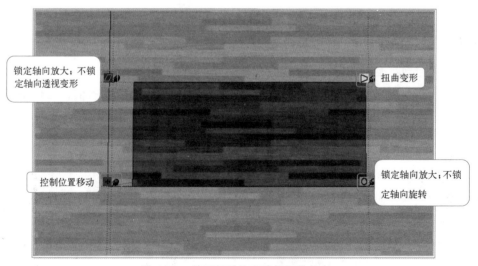

图 6-29　单面材质纹理编辑调整状态

　　方法为：在"V-Ray 资源编辑器"对话框中单击右下角的"清除未使用的材质"按钮
，快速清除场景未使用材质，如图 6-30 所示。

图 6-30　清除场景中未使用的材质

6.2.6　材质反射效果设置

　　材质反射效果大体可分为两种：一是颜色材质反射，二是贴图漫反射。前者可通过"色彩选择器"对话框快速选择，后者通常需要调用已保存在当前计算机中的图片。下面分别进行讲解。

　　1. 设置颜色材质反射效果

　　单击"反射颜色"栏中的▉▉▉▉图标，在打开的"色彩选择器"对话框中选择相应的颜色，然后单击关闭按钮，如图 6-31 所示。

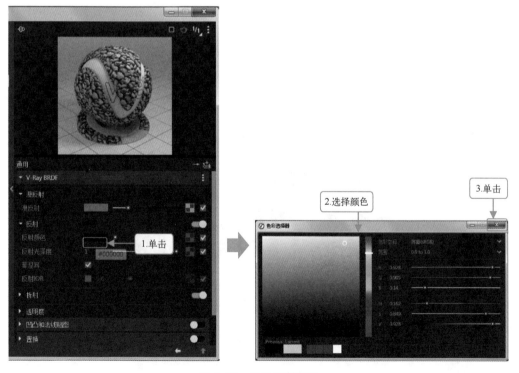

图 6-31　设置反射颜色

2. 设置贴图漫反射效果

第 01 步：选择"快速设置"选项卡，选中"漫反射"复选框，单击■按钮，在打开的面板中单击打开文件按钮，如图 6-32 所示。

图 6-32　添加贴图漫反射

第 02 步：在打开的"选择文件"对话框，选择贴图图片，单击"打开"按钮添加图片，如图 6-33 所示。

图 6-33　选择漫反射贴图

贴图材质赋予后，绝大部分需要读者手动调整整体纹路或单面纹路。

6.3　材质高级设置

为了让读者在赋予或编辑材质时，操作更加简便、快捷，下面为读者讲解几个常用高级材质设置技能。

6.3.1　快速替换同系列材质

在模型中若要将相同材质替换为其他材质，较为烦琐的操作是逐一手动替换。这时，可采用技巧让软件自动将相同材质一并替换掉。第一种方法是按住〈Shift〉键，赋予新材质，一次性替换掉原有相同材质，如图6-34所示（将顶面和侧面的材质一次性替换成大理石石材）。

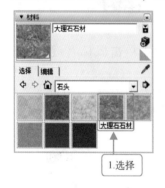

图6-34　同类材质一次性替换

第二种方法是通过"V-Ray资源编辑器"调用V-Ray材质库批量替换，例如以将沙发上的抱枕材质一次性替换为例，操作方法如下。

第01步：打开"素材文件/第6章/替换同类材质.skp"文件，单击"V-Ray资源编辑器"按钮，打开"V-Ray资源编辑器"，在"材料"对话框中单击"样本颜料"按钮 ，如图6-35所示。

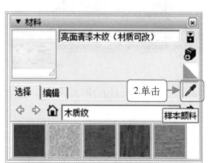

图6-35　打开"V-Ray资源编辑器"和单击"样本颜料"按钮

第 02 步：在沙发抱枕上单击吸取材质，在"V-Ray 资源编辑器"中的材质选项上（或在预览区域中）单击鼠标右键，在弹出的快捷菜单中选择"选取场景中使用此材质的模型"命令，单击左侧的展开按钮，如图 6-36 所示。

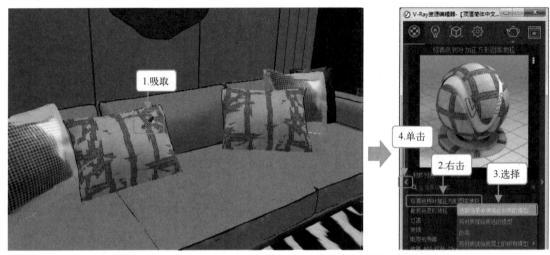

图 6-36　在场景中吸取材质并选取场景中使用此材质的模型

第 03 步：选择"07. 面料"材质文件夹，在添加的材质选项上单击鼠标右键，选择"应用到选择物体"命令，如图 6-37 所示。

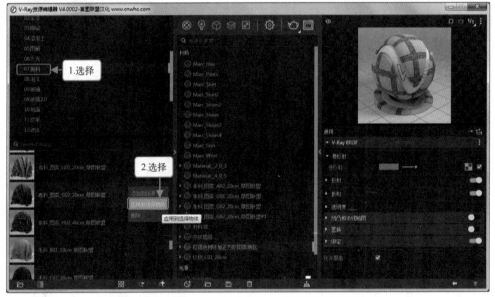

图 6-37　调用 V-Ray 材质库中的布料材质给所选模型

第 04 步：沙发抱枕的材质布料一次性被替换掉的效果如图 6-38 所示。

第三种是通过更换外部材质贴图实现一次性替换材质，操作方法如下。

第 01 步：打开"素材文件/第 6 章/批量替换贴图材质 .skp"文件，单击"V-Ray 资源编辑器"按钮，打开"V-Ray 资源编辑器"，单击"材料"对话框中的"样本颜料"按钮，如图 6-39 所示。

图 6-38　抱枕材质一次性替换掉

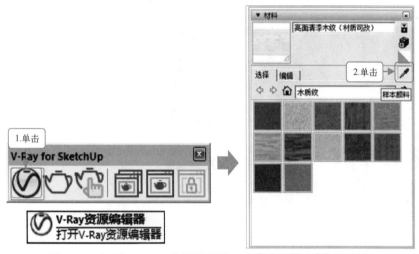

图 6-39　打开"V-Ray 资源编辑器"和单击"样本颜料"按钮

第 02 步：在沙发抱枕上单击吸取材质，单击"V-Ray 资源编辑器"对话框右侧的展开按钮，如图 6-40所示。

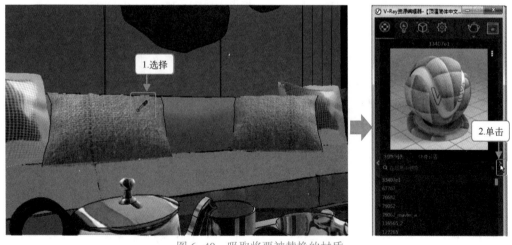

图 6-40　吸取将要被替换的材质

第 03 步：单击"漫反射"后的█按钮，进入贴图编辑页面，将指定材质图片拖到贴图路径位置上，一次性替换材质，如图 6-41 所示。

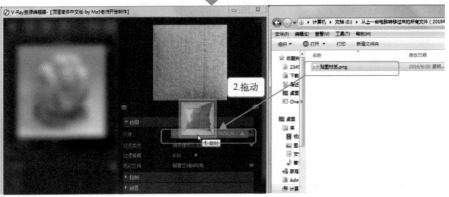

图 6-41　将外部材质拖到贴图路径位置中

　若是取消选中"漫反射"复选框，则会取消贴图材质，只剩颜色材质赋予模型表面。

第 04 步：沙发抱枕材质布料一次性被替换掉的效果如图 6-42 所示。

图 6-42　抱枕材质一次性替换掉

　在 SketchUp 默认材质库中虽然也可以为模型进行贴图替换，不过，笔者建议读者首选在"V-Ray 资源编辑器"中为模型替换贴图，因为在"V-Ray 资源编辑器"中可以更方便进行相关参数设置。

6.3.2 将模型材质保存到外部

要将模型材质保存到外部或材质库中，以便再次调用的方法是：首先吸取模型材质，然后单击"材料"对话框的"在外部编辑器中编辑纹理图像"按钮，在打开的外部编辑器中单击鼠标右键，在弹出的快捷菜单中选择"复制图片"命令，最后在外部指定位置或材质库中粘贴，如图 6-43 所示。

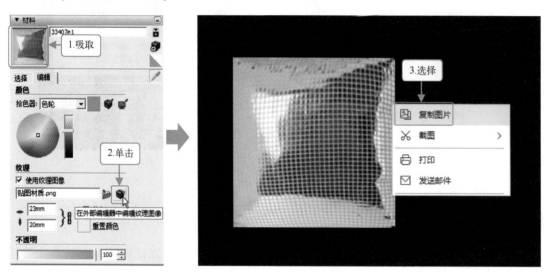

图 6-43　将模型材质保存到外部

6.3.3 制作 V-Ray 更易查找的基本材质

在制作模型基本材质时，若材质是非颜色贴图，在场景列表里不容易查找，如图 6-44 所示。

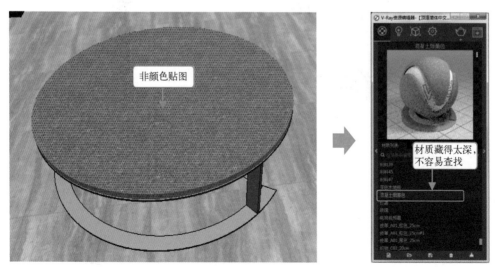

图 6-44　非颜色贴图材质在场景列表中不易查找

为此，笔者建议用颜色贴图作为默认贴图，因为颜色贴图在场景列表里靠前显示，且以0打头编号，如图6-45所示。

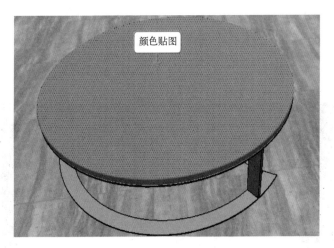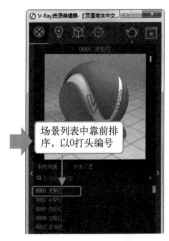

图6-45　颜色贴图在场景列表易查找

6.3.4　材质复制

在家装设计建模时，若有材质不清楚或不想要，可进行第二次材质的多次赋予（类似于家装设计中同类模型的批量材质赋予，只不过不是赋予家装中已有的材质，而是批量赋予V-Ray材质库中的材质），如将图6-46所示的材质赋予图6-47所示的材质。

图6-46　需第二次赋予材质（被替换材质）　　图6-47　复制的材质（替换材质）

具体操作方法如下。

第01步：打开"素材文件/第6章/复制材质给其他物体.skp"文件，单击"V-Ray资源编辑器"按钮，打开"V-Ray资源编辑器"，单击"材料"对话框中的"样本颜料"按钮✎，如图6-48所示。

第02步：在场景中吸取需被替换的材质与V-Ray关联，在"V-Ray资源编辑器"中的材质选项上（或在预览区域中）单击鼠标右键，在弹出的快捷菜单中选择"选取场景中的物体"命令，如图6-49所示。

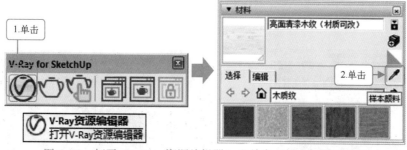

图 6-48　打开"V-Ray 资源编辑器"和单击"样本颜料"按钮

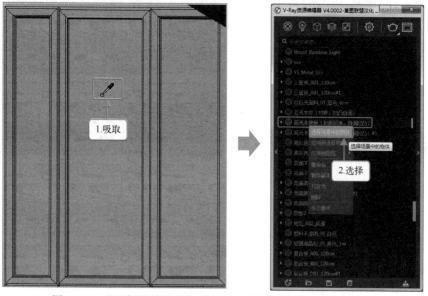

图 6-49　选取场景材质并在"V-Ray 资源编辑器"中右击选择

第 03 步：再次单击"材料"对话框中的"样本颜料"按钮，在场景中吸取需复制的材质与 V-Ray 关联，如图 6-50 所示。

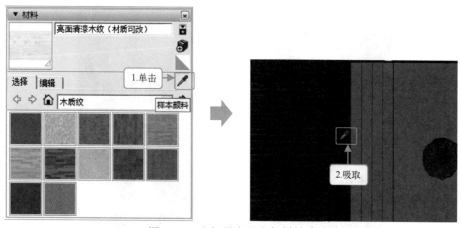

图 6-50　在场景中吸取复制材质

第 04 步：在"V-Ray 资源编辑器"中的材质选项上（或在预览区域中）单击鼠标右

键，在弹出的快捷菜单中选择"应用到选择物体"命令，赋予材质给先前指定模型，如图 6-51 所示。

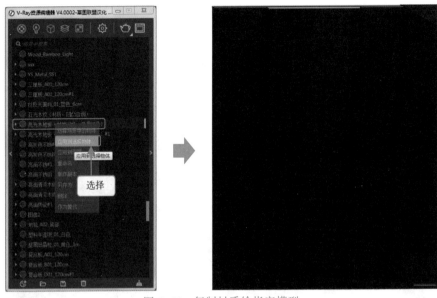

图 6-51　复制材质给指定模型

6.3.5　材质 ID 设置

在做后期渲染时会使用材质 ID，因此，读者需要为相应材质设置一个 ID，具体的操作方法如下。

第 01 步：打开"素材文件/第 6 章/材质 ID.skp"文件，打开"V-Ray 资源编辑器"，单击"设置"选项卡，在"输出设置"栏中设置输出图像的"图像宽度/高度"和"比例"，然后开启"保存图像"按钮，最后单击 按钮，如图 6-52 所示。

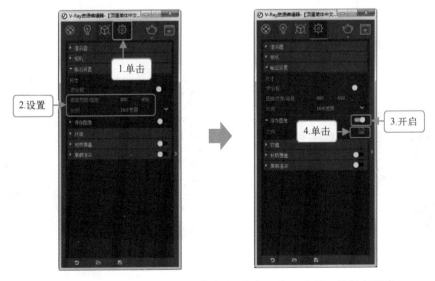

图 6-52　设置输出图像的"图像宽度/高度"和"比例"并保存图像

第 02 步：在打开的"选取一个文件"对话框中设置材质 ID 图像的保存位置和文件名，然后单击"保存"按钮，如图 6-53 所示。

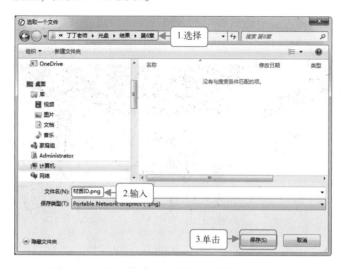

图 6-53　设置材质 ID 图像的保存位置和文件名

第 03 步：展开右侧渲染属性面板，单击"渲染元素"的下拉按钮，在弹出的下拉选项中选择"材质 ID"选项，再次单击"渲染元素"的下拉按钮，在弹出的下拉选项中选择"降噪"选项，如图 6-54 所示。最后进行渲染。

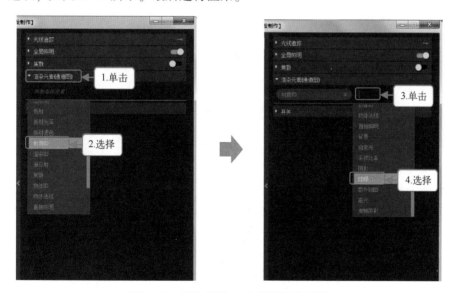

图 6-54　添加材质 ID 和降噪渲染元素

　渲染材质 ID 时，通常的输出比例是 16∶9。若是竖状构图，如餐厅，可将餐厅单独渲染，输出比例调成 4∶3。若要获取屏幕比例，可选择"屏幕比例"/"视口匹配"，再单击圆按钮。

6.3.6 材质 ID 渲染新老版本的兼容处理

由于新版本不能识别老版本的材质（材质不兼容），当导入的模型是老版本时，渲染的材质 ID 图中会出现成块的黑色不识别区域，如图 6-55 所示。

图 6-55　因材质不兼容造成黑色不识别区域

出现这种情况有两种处理方法。第一种是在导入模型后，单击"拓展程序"菜单，选择"V-Ray 顶渲简体中文版"→"工具"→"清理场景"命令，如图 6-56 所示。在打开的提示对话框中依次单击"是"/"YES"按钮。

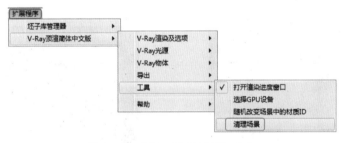

图 6-56　选择"清理场景"命令

第二种是让 V-Ray 根据不同的场景给不同颜色，方法为：选择"V-Ray 顶渲简体中文版"→"工具"→"随机改变场景中的材质 ID"命令，如图 6-57 所示。

图 6-57　选择"随机改变场景中的材质 ID"命令

6.4　室内常用材质制作

在家装室内设计中常用的材质大体可分为这几类：玻璃类材质，金属材质，布料、纱窗材质，皮革、塑料、瓷器及水材、木地板材质，自发光材质和石材质。下面分别为读者介绍这几类材质的赋予技能。

6.4.1　玻璃类材质

家装的玻璃类材质常见的包含：透明玻璃、彩色玻璃、磨砂玻璃、一般镜面、黑镜和茶镜，要将这些材质分别赋予模型，可直接在 V-Ray 材质库中的"玻璃"类中选择赋予，如图 6-58 所示。不过，其中有两样玻璃材质需要注意设置技巧方法：一是彩色玻璃；二是镜面的反射强度设置。

图 6-58　V-Ray 玻璃类材质

1. 彩色玻璃

要制作彩色玻璃，只需对透明玻璃设置雾颜色（若材质库中的彩色玻璃选项符合需要，可直接赋予添加），然后对颜色的强度倍增数进行设置。

例如，为花瓶赋予红色玻璃材质，操作方法如下。

第 01 步：打开"素材文件/第 6 章/彩色玻璃.skp"文件，打开"V-Ray 资源编辑器"，在场景中的吸取花瓶材质，在吸取的材质选项上单击鼠标右键，在弹出的快捷菜单中选择"选取场景中的物体"命令，单击左侧的展开按钮，如图 6-59 所示。

第 02 步：在展开的材质列表库中选择"09. 玻璃"文件夹，在"Search Library"列表中任一有色玻璃材质选项上单击鼠标右键，在弹出的快捷菜单中选择"添加到场景"命令（因为要进一步设置有色玻璃的雾颜色，所以这里不直接应用到选择的物体），如图 6-60

所示。

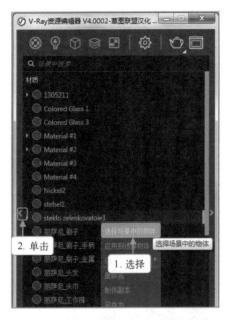 

图 6-59　选取场景中的材质模型　　　　　图 6-60　将有色玻璃材质添加到场景

第 03 步：V-Ray 自动将添加到场景中的有色玻璃材质选项选择，在其上单击鼠标右键，在弹出的快捷菜单中选择"应用到选择物体"命令，单击右侧的展开按钮，在"折射"栏下单击"雾颜色"图标按钮，如图 6-61 所示。

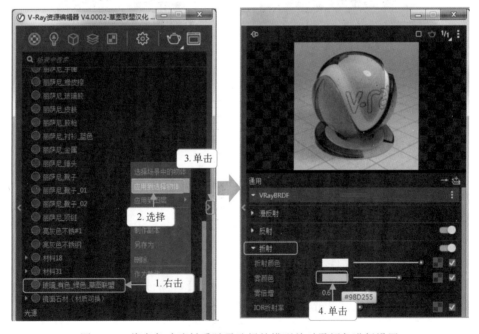

图 6-61　将有色玻璃材质赋予选择的模型并对雾颜色进行设置

第04步：在打开的"色彩选择器"对话框中选择红色，单击"关闭"按钮，如图6-62所示。

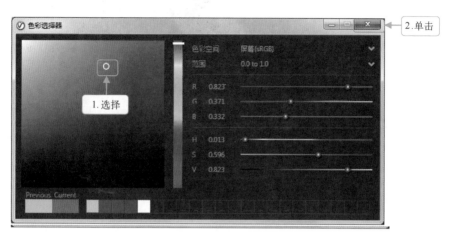

图6-62　选择雾颜色

第05步：返回到参数面板中设置"雾倍增"参数，这里设置为1.078，然后渲染，如图6-63所示。

图6-63　设置雾倍增参数然后渲染

第06步：可以看到花瓶的颜色变成了红色，完成有色玻璃的制作，如图6-64所示。

图 6-64　渲染后的有色玻璃效果

　　　　根据实际设计经验，磨砂玻璃的"光泽度"参数一般设置在 0.85~0.9 之间，效果会比较理想（表面比较光滑）。

　　需要补充一点：在 SketchUp 中对单面进行玻璃材质赋予后，渲染得到的结果是一块黑色，如图 6-65 所示。可以看出明显不是玻璃效果，此时需要对其进行一个简单的推拉处理，将单面推拉加厚，使其成为一个立体物体即可解决，如图 6-66 所示。

图 6-65　玻璃单面材质异常状态

　　2. 镜面的反射强度设置
　　在家装材质中，镜面材质有很多种，其中常用有 3 种：一般镜面、黑镜和茶镜。不过赋予方法基本相同，只需在 V-Ray 材质库中选择镜面材质赋予场景模型即可，如图 6-67 所示（一般镜面左图、黑镜中图、茶镜右图）。

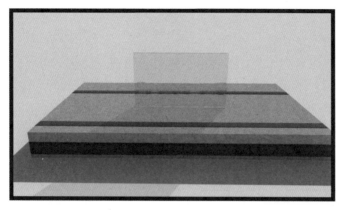

图 6-66　玻璃单面材质正常状态

图 6-67　一般镜面、黑镜和茶镜渲染效果

 若要取消图 6-67 中镜面里的灯光反射，可将灯光的反射项取消即可。

若要让茶镜的反射效果更加厚重一些，可将"漫反射"的颜色设置更浓一些，操作示意如图 6-68 所示。

图 6-68　调整茶镜反射效果更厚重

6.4.2 金属材质

家装中金属材质主要有 5 个：铝合金、镜面不锈钢、拉丝不锈钢、鲜亮色的黄金（有色金属）和铬合金材质。分别用于窗框、水龙头、不锈钢杯、吊灯和射灯/台灯中。下面分别进行讲解。

1. 铝合金

第 01 步：打开"素材文件/第 6 章/铝合金窗户.skp"文件，单击"材料"对话框中的 ✏ 按钮，鼠标光标变成吸管形状，在窗框上单击吸取材质，如图 6-69 所示。

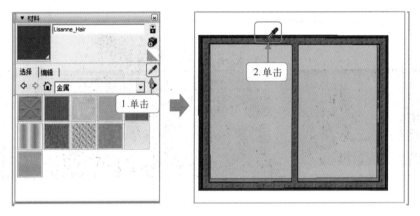

图 6-69　吸取窗框材质

第 02 步：在"V-Ray for SketchUp"面板上单击 ✅ 按钮，打开"V-Ray 资源编辑器"，在吸附的材质选项上单击鼠标右键，在弹出的快捷菜单中选择"选择场景中的物体"命令，单击左侧的展开按钮，如图 6-70 所示。

图 6-70　选择场景中窗框材质

第 03 步：在展开的材质列表库中选择"Metal（金属）2.0"文件夹，在"Search Library"列表中的"铝合金"材质选项上单击鼠标右键，在弹出的快捷菜单中选择"应用到选择物体"命令，然后单击渲染按钮，如图 6-71 所示。

图 6-71　将"铝合金"材质赋予窗框

第 04 步：窗口中即可查看到赋予"铝合金"材质后的渲染效果，如图 6-72 所示。

图 6-72　铝合金窗框效果

2. 镜面不锈钢

第 01 步：打开"素材文件/第 6 章/镜面不锈钢.skp"文件，单击"材料"对话框中的 ✐ 按钮，鼠标光标变成吸管形状，在水龙头上单击吸取材质，如图 6-73 所示。

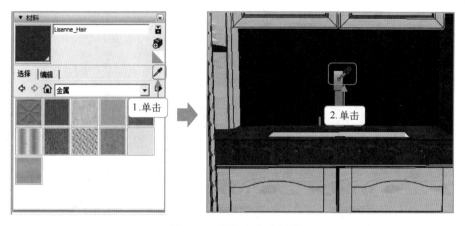

图 6-73　吸取水龙头材质

第 02 步：在"V-Ray for SketchUp"面板上单击 ⊘ 按钮，打开"V-Ray 资源编辑器"，在吸附的材质选项上单击鼠标右键，在弹出的快捷菜单中选择"选择场景中的物体"命令，单击左侧的展开按钮，如图 6-74 所示。

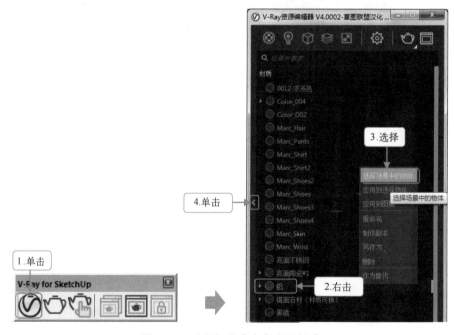

图 6-74　选择场景中水龙头的材质

第 03 步：在展开的材质列表库中选择"Metal（金属）2.0"文件夹，在"Search Library"列表中的"镜面不锈钢"材质选项上单击鼠标右键，在弹出的快捷菜单中选择"应用到选择物体"命令，然后渲染，如图 6-75 所示。

第 04 步：在窗口中即可查看到赋予镜面不锈钢材质的渲染效果，如图 6-76 所示。

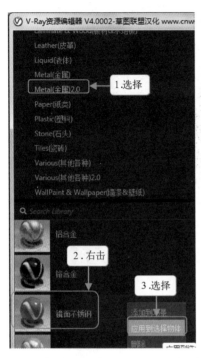

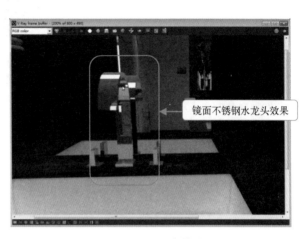

图 6-75　将"镜面不锈钢"材质赋予水龙头　　　　　图 6-76　渲染效果

3. 拉丝不锈钢

第 01 步：打开"素材文件/第 6 章/拉丝金属 .skp"文件，单击"材料"对话框中的✐按钮，鼠标光标变成吸管形状，在铁杯上单击吸取材质，如图 6-77 所示。

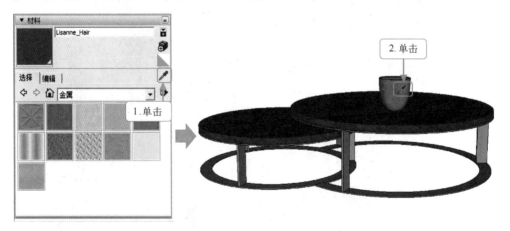

图 6-77　吸取铁杯材质

第 02 步：在"V-Ray for SketchUp"面板上单击✅按钮，在吸附的材质选项上单击鼠标右键，在弹出的快捷菜单中选择"选择场景中的物体"命令，单击左侧的展开按钮，如图 6-78所示。

第 03 步：在展开的材质列表中选择"Metal（金属）"文件夹，在"Search Library"列

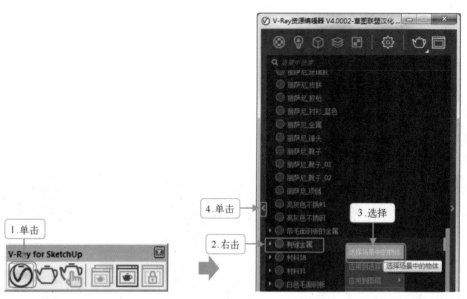

图 6-78　选择场景中铁杯的材质

表中的"人字金属拉丝_5 cm"材质选项上单击鼠标右键，在弹出的快捷菜单中选择"应用到选择物体"命令，如图 6-79 所示。

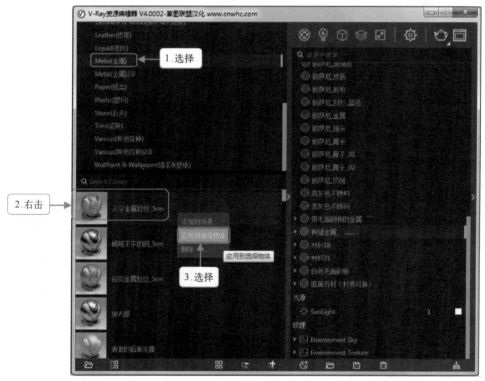

图 6-79　将"人字金属拉丝_5 cm"材质赋予铁杯

　　第 04 步：在"材料"对话框中单击"编辑"选项卡，设置"纹理"的长度和宽度都为"5 mm"，在"V-Ray for SketchUp"面板上单击⊙按钮渲染，如图 6-80 所示。

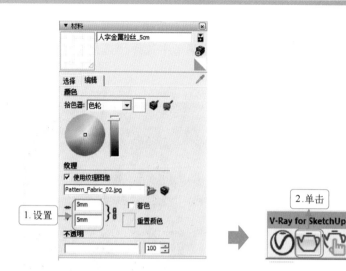

图 6-80　设置纹理然后渲染

第 05 步：在窗口中可以看到铁杯赋予"人字金属拉丝_5 cm"材质后的效果，如图 6-81 所示。

图 6-81　渲染效果

4. 鲜亮色的黄金（有色金属）

第 01 步：打开"素材文件/第 6 章/黄金吊顶.skp"文件，单击"材料"对话框中的 🖊 按钮，鼠标光标变成吸管形状，在吊灯金属部分上单击吸取材质，如图 8-82 所示。

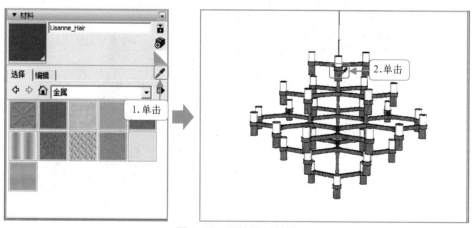

图 6-82　吸取吊灯材质

第 02 步：在 "V-Ray for SketchUp" 面板上单击◎按钮，打开 "V-Ray 资源编辑器"，在吸附的材质选项上单击鼠标右键，在弹出的快捷菜单中选择 "选择场景中的物体" 命令，单击左侧的展开按钮，如图 6-83 所示。

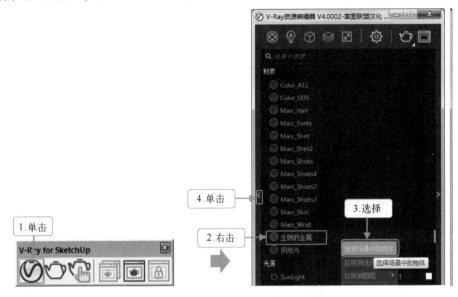

图 6-83　选择场景中吊灯金属部分的材质

第 03 步：在展开的材质列表库中选择 "Metal（金属）2.0" 文件夹，在 "Search Library" 列表中的 "鲜亮色黄金" 材质选项上单击鼠标右键，在弹出的快捷菜单中选择 "应用到选择物体" 命令，然后单击渲染按钮渲染，如图 6-84 所示。

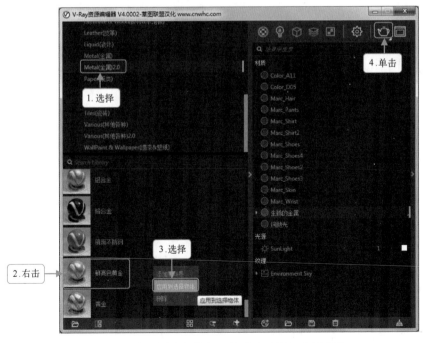

图 6-84　将 "鲜亮色黄金" 材质赋予吊灯金属部分

第04步：渲染完成后可直观地查看到黄金吊灯的效果，如图6-85所示。

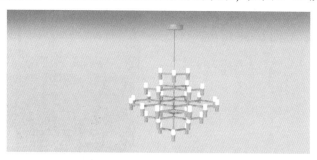

图6-85 黄金吊灯渲染效果

 提示 提示：可设置为其他有色金属样式。

亮黄色金属材质是设置有色金属的基础，读者可以通过设置它的"过滤"和"漫反射"（单击"颜色"图标，在打开的"拾色器"中选择颜色）来实现，如图6-86所示，将其更改为其他有色金属。

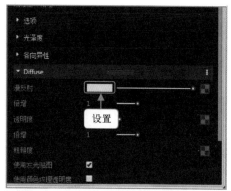

图6-86 有色金属材质更改设置

5. 铬合金

第01步：打开"素材文件/第6章/台灯柱体.skp"文件，单击"材料"对话框中的 ✎ 按钮，鼠标光标变成吸管形状，在台灯柱体上单击吸取材质，如图6-87所示。

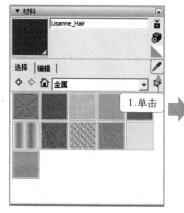

图6-87 吸取台灯柱体材质

第 02 步：在"V-Ray for SketchUp"面板上单击◯按钮，打开"V-Ray 资源编辑器"，在吸附的材质选项上单击鼠标右键，在弹出的快捷菜单中选择"选择场景中的物体"命令，单击左侧的展开按钮，如图 6-88 所示。

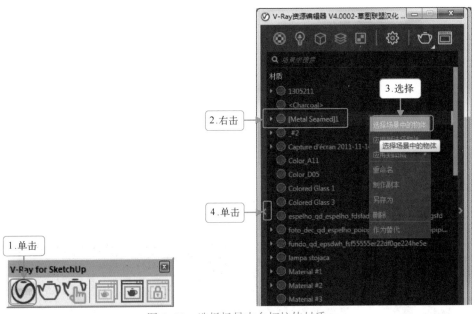

图 6-88　选择场景中台灯柱体材质

第 03 步：在展开的材质列表库中选择"Metal（金属）2.0"文件夹，在"Search Library"列表中的"铬合金"材质选项上单击鼠标右键，在弹出的快捷菜单中选择"应用到选择物体"命令，然后单击"渲染"按钮渲染，如图 6-89 所示。

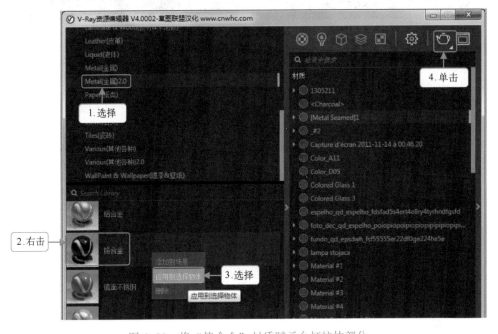

图 6-89　将"铬合金"材质赋予台灯柱体部分

第04步：渲染完成后可直观地查看到铬合金亮色台柱效果，如图6-90所示。

图6-90　铬合金台柱渲染效果

铬合金材质不仅可以应用在台灯柱体上，还常应用于顶灯模型上。另外，因为铬合金具有较强的光泽，在一定程度上与刷漆材质和塑料材质渲染效果相似。因此，读者可用刷漆材质和塑料材质替换。

6.4.3　布料、纱窗材质

家装中布料材质主要用于沙发、沙发套、被套、被单和床垫等，而且通常具有贴图效果，也就是带有图案的效果，否则就是默认的灰白样式。

纱窗材质主要用于窗帘，主要分为两种：无色透明窗帘和有色透明窗帘。前者可直接应用V-Ray材质实现，后者需要调节雾颜色来实现。

下面用两个实例分别对布料材质和纱窗材质的赋予进行演示。

1. 布料

第01步：打开"素材文件/第6章/布料.skp"文件，单击"材料"对话框中的 ✐ 按钮，鼠标光标变成吸管形状，在坐床床垫上单击吸取材质，如图6-91所示。

图6-91　吸取坐床床垫材质

第 02 步：在 "V-Ray for SketchUp" 面板上单击☑按钮，打开 "V-Ray 资源编辑器"，在吸附的材质选项上单击鼠标右键，在弹出的快捷菜单中选择 "选择场景中的物体" 命令，单击左侧的展开按钮，如图 6-92 所示。

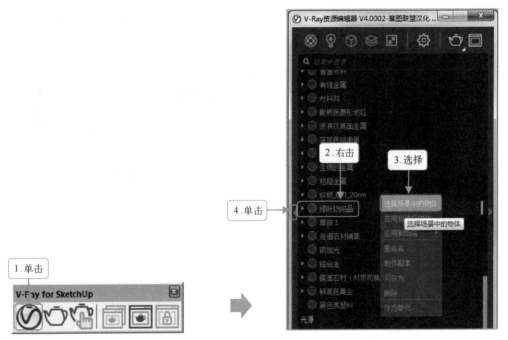

图 6-92　选择场景中床垫的材质

第 03 步：在展开的材质列表库中选择 "Various（其他各种）2.0" 文件夹，在 "Search Library" 列表中的 "普通布料" 材质选项上单击鼠标右键，在弹出的快捷菜单中选择 "应用到选择物体" 命令，如图 6-93 所示。

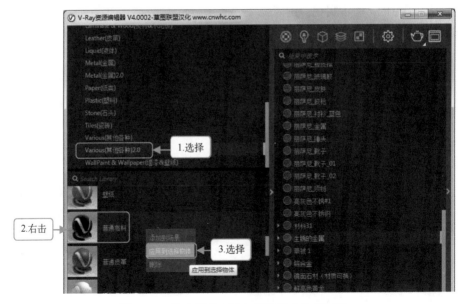

图 6-93　将 "普通布料" 材质赋予坐床床垫

第04步：展开右侧属性面板，展开"漫反射"下拉选项，单击"漫反射"的贴图图标，如图 6-94 所示。

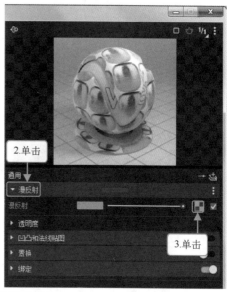

图 6-94　进入贴图设置

　如果仅仅是制作灰白色的布料样式，到第 4 步就可以结束了，下面只需渲染查看效果即可。如果要制作彩色贴图布料，则须进行下面的操作。

第05步：单击"颜色 A"对应贴图图标，在打开的面板中单击 按钮，如图 6-95 所示。

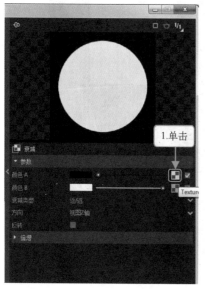

图 6-95　对"颜色 A"进行贴图添加

普通布料材质有两种颜色：颜色 A 和颜色 B。颜色 A 通常代表深色的材质部分，颜色 B 通常代表浅色材质部分。

第 06 步：在打开的"选择文件"对话框中选择"彩色贴图"选项，单击"打开"按钮，如图 6-96 所示。

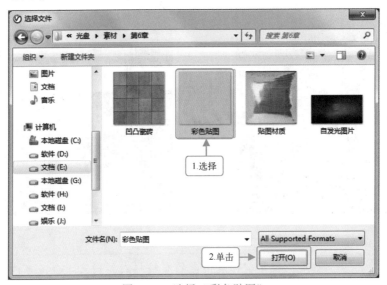

图 6-96 选择"彩色贴图"

第 07 步：在窗口依次单击返回按钮返回，然后单击渲染按钮渲染，如图 6-97 所示。

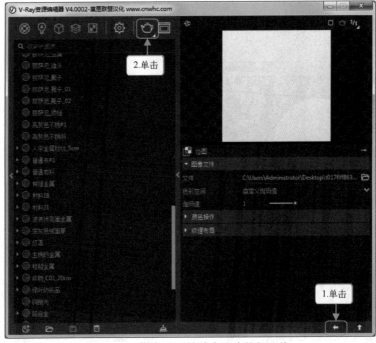

图 6-97 依次返回并单击渲染按钮渲染

第08步：在渲染窗口中可看到为坐床床垫添加的彩色布料渲染效果，如图 6-98 所示。

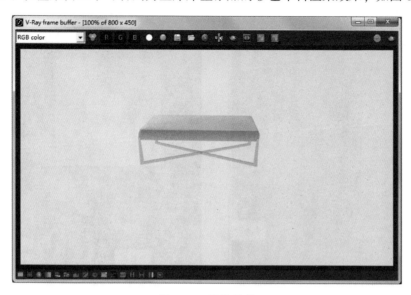

图 6-98　渲染效果

2. 纱窗（淡蓝色纱窗）

第01步：打开"素材文件/第 6 章/有色透明纱窗 . skp"文件，打开"V-Ray 资源编辑器"，在场景中吸取纱窗材质，在吸取的材质选项上单击鼠标右键，在弹出的快捷菜单中选择"选择场景中的物体"命令，单击左侧的展开按钮，如图 6-99 所示。

第02步：在展开的材质列表库中选择"07. 面料"类材质文件夹，在"Search Library"列表中的"窗帘_透明_01_10 cm_草图联盟"材质选项上单击鼠标右键，在弹出的快捷菜单中选择"应用到选择物体"命令，如图 6-100 所示。

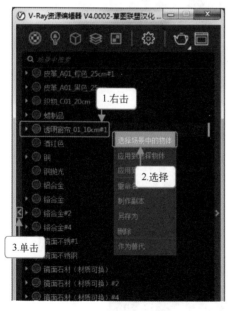

图 6-99　选取场景中的材质　　　　图 6-100　在材质库中选择材质

第 03 步：单击右侧的展开按钮，单击"VRayBRDF"栏下的"漫反射"颜色图标，如图 6-101 所示。

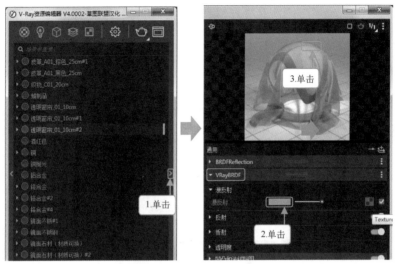

图 6-101 单击"漫反射"颜色图标

第 04 步：在打开的"色彩选择器"对话框中的选择淡蓝色，单击"关闭"按钮，如图 6-102 所示。

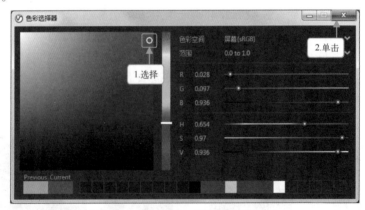

图 6-102 选择"漫反射"颜色

第 05 步：渲染后可以查看到淡蓝色透明窗帘渲染效果，如图 6-103 所示。

图 6-103 淡蓝色透明窗帘渲染效果

在设置透明窗帘的颜色时，通常是对"漫反射"的"颜色"选项进行设置而不是"雾"的"颜色"选项，因为后者的颜色效果相对于前者会更浓，不及前者效果理想。

6.4.4　皮革、塑料、陶瓷及水材质

　　家装设计中皮革、塑料、陶瓷和水等材质经常被用到，而且设计要求相对固定，读者只需记住材质赋予方法即可轻松实现。下面分别进行展开讲解。

　　1. 皮革

　　第 01 步：打开"素材文件/第 6 章/皮椅.skp"文件，单击"材料"对话框中的✎按钮，鼠标光标变成吸管形状，在皮椅上单击吸取材质，如图 6-104 所示。

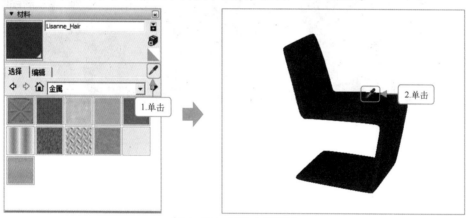

图 6-104　吸取皮椅材质

　　第 02 步：在"V-Ray for SketchUp"面板上单击◎按钮，打开"V-Ray 资源编辑器"，在吸附的材质选项上单击鼠标右键，在弹出的快捷菜单中选择"选择场景中的物体"命令，单击左侧的展开按钮，如图 6-105 所示。

图 6-105　选择场景中皮椅材质

第 03 步：在展开的材质列表库中选择"Leather（皮革）"文件夹，在"Search Library"列表中的"皮革_G01_棕色_25 cm"材质选项上单击鼠标右键，在弹出的快捷菜单中选择"添加到场景"命令，单击右侧的展开按钮，如图 6-106 所示。

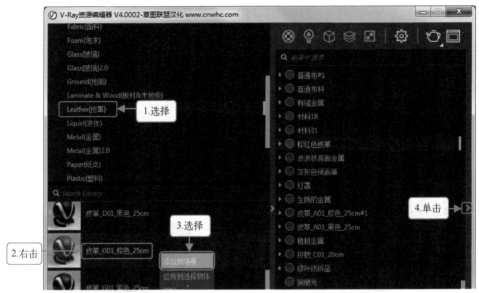

图 6-106 将"皮革_G01_棕色_25 cm"材质添加到场景

在 V-Ray 材质库中的皮革材质名称中都会带 cm，它不是纹理参数，而是皮革的凹凸贴图值。如"皮革_D01_棕色_25 cm"中："25 cm"表示当前皮革材质的凹凸贴图值。

第 04 步：展开"漫反射"下拉选项，单击"漫反射"的颜色图标，在打开的"色彩选择器"对话框中选择颜色，然后单击"关闭"按钮，如图 6-107 所示。

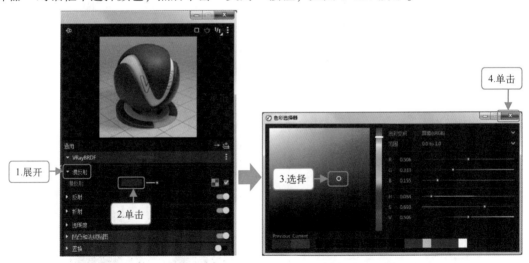

图 6-107 设置皮革"漫反射"颜色

第05步："漫反射"颜色设置完后，在材质选项上单击鼠标右键，在弹出的快捷菜单中选择"应用到选择物体"命令，将其应用到皮椅上，单击渲染按钮，渲染完成后效果如图6-108所示。

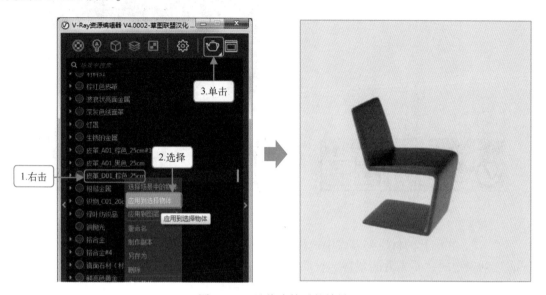

图6-108　渲染皮椅后的效果

2. 塑料

第01步：打开"素材文件/第6章/相框.skp"文件，单击"材料"对话框中的 ✎ 按钮，鼠标光标变成吸管形状，在相框上单击吸取材质，如图8-109所示。

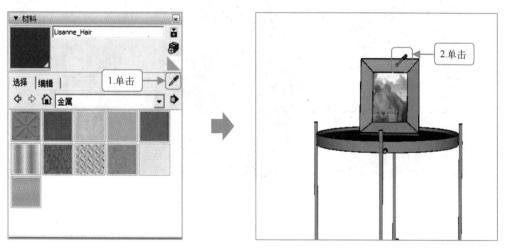

图6-109　吸取相框材质

第02步：在"V-Ray for SketchUp"面板上单击 ⊘ 按钮，打开"V-Ray 资源编辑器"，在吸附的材质选项上单击鼠标右键，在弹出的快捷菜单中选择"在场景中选择物体"命令，单击左侧的展开按钮，如图6-110所示。

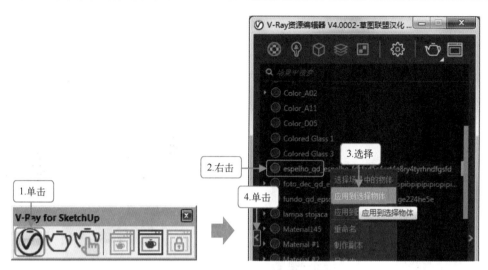

图 6-110　选择场景中相框材质

第 03 步：在展开的材质列表库中选择"Various（其他各种）2.0"文件夹，在"Search Library"列表中的"不光滑的塑料"材质选项上单击鼠标右键，在弹出的快捷菜单中选择"添加到场景"命令，单击右侧的展开按钮，如图 6-111 所示。

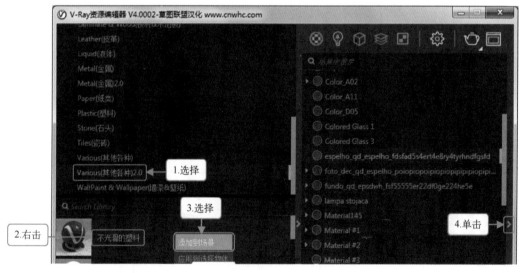

图 6-111　将"不光滑的塑料"材质添加到场景中

第 04 步：展开"Diffuse"下拉选项，单击"漫反射"颜色图标，在打开的"色彩选择器"对话框中选择颜色，然后单击"关闭"按钮，如图 6-112 所示。

第 05 步："漫反射"颜色设置完后，在材质选项上单击鼠标右键，在弹出的快捷菜单中选择"应用到选择物体"命令，将其应用到相框上，单击渲染按钮，如图 6-113 所示。

第 06 步：在渲染窗口中可以看到蓝色不光滑的塑料相框效果，如图 6-114 所示。

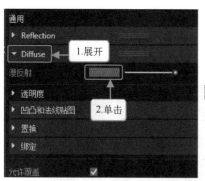
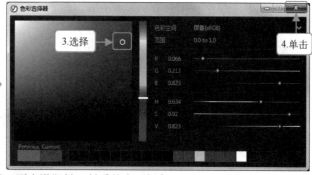

图 6-112　设置"不光滑塑料"材质的表面颜色

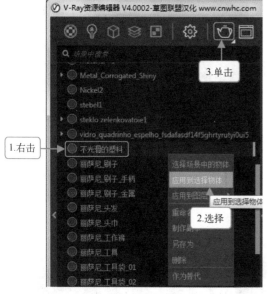

图 6-113　将蓝色不光滑的塑料材质赋予相框

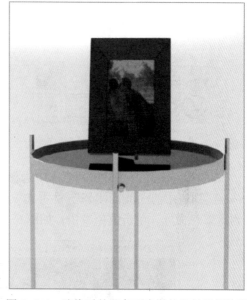

图 6-114　渲染后的蓝色不光滑的塑料相框效果

3. 陶瓷

第01步：打开"素材文件/第6章/陶瓷.skp"文件，单击"材料"对话框中的 按钮，鼠标光标变成吸管形状，在任一盘子上单击吸取材质，如图 6-115 所示。

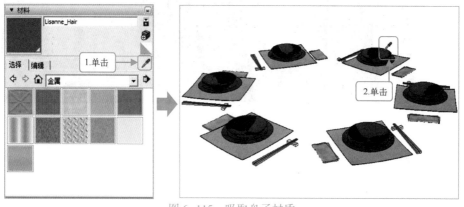

图 6-115　吸取盘子材质

第 02 步：在"V-Ray for SketchUp"面板上单击☑按钮，打开"V-Ray 资源编辑器"，在吸附的材质选项上单击鼠标右键，在弹出的快捷菜单中选择"选择场景中的物体"命令，单击左侧的展开按钮，如图 6-116 所示。

图 6-116　选择场景中盘子材质

第 03 步：在展开的材质列表库中选择"Various（其他各种）2.0"文件夹，在"Search Library"列表中的"亮面陶瓷"材质选项上单击鼠标右键，在弹出的快捷菜单中选择"添加到场景"命令，单击渲染按钮，如图 6-117 所示。

图 6-117　将"亮面陶瓷"材质添加到场景中选择的盘子上

第 04 步：在渲染窗口中可以看到"亮面陶瓷"材质赋予盘子后的效果，如图 6-118 所示。

图 6-118　渲染后盘子的效果

> 陶瓷分为两种：一种是亚光面的陶瓷（不怎么反光的陶瓷），另一种是亮面的陶瓷（反光的陶瓷或是反光明显的陶瓷）。

4. 项

（1）无色水

第 01 步：打开"素材文件/第 6 章/无色水 .skp"文件，单击"材料"对话框中的⊘按钮，鼠标光标变成吸管形状，在水上单击鼠标吸取材质，如图 6-119 所示。

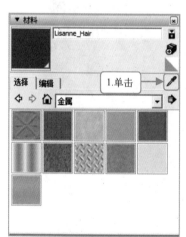

图 6-119　吸取水材质

第 02 步：在"V-Ray for SketchUp"面板上单击⊘按钮，打开"V-Ray 资源编辑器"，在吸附的材质选项上单击鼠标右键，在弹出的快捷菜单中选择"选择场景中的物体"命令，单击左侧的展开按钮，如图 6-120 所示。

第 03 步：在展开的材质列表库中选择"liquid（液体）"文件夹，在"Search Library"列表中的"水"材质选项上单击鼠标右键，在弹出的快捷菜单中选择"应用到选择物体"命令，然后单击渲染按钮，如图 6-121 所示。

第 04 步：渲染后可看到没有颜色的水效果（因为杯子带有淡绿色，因此整杯水颜色有点偏绿），如图 6-122 所示。

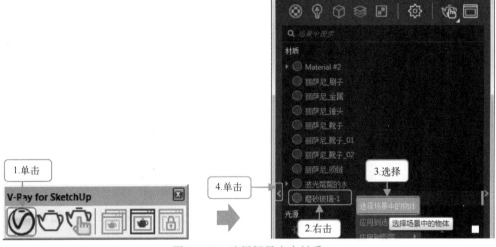

图 6-120　选择场景中水材质

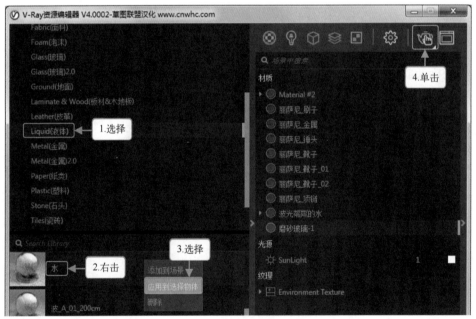

图 6-121　将"水"材质应用到场景中

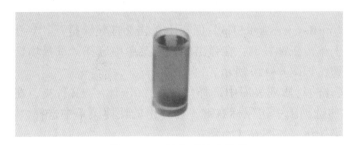

图 6-122　渲染后的水效果

（2）有色水（果酱饮料）

第 01 步：打开“素材文件/第 6 章/有色水 . skp”文件，单击“材料”对话框中的按钮，鼠标光标变成吸管形状，在水上单击鼠标吸取材质，如图 6-123 所示。

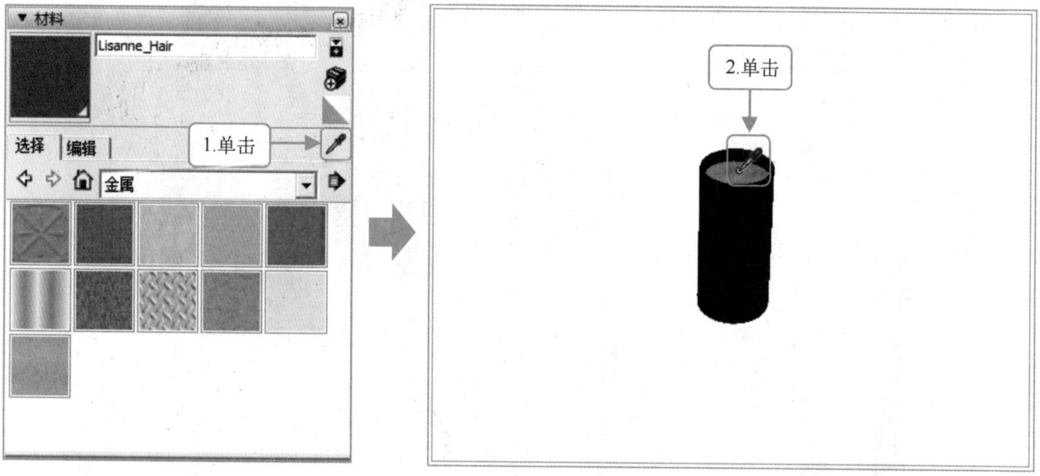

图 6-123　吸取水材质

第 02 步：在“V-Ray for SketchUp”面板上单按钮，打开“V-Ray 资源编辑器”，在吸附的材质选项上单击鼠标右键，在弹出的快捷菜单中选择“选择场景中的物体”命令，单击左侧的展开按钮，如图 6-124 所示。

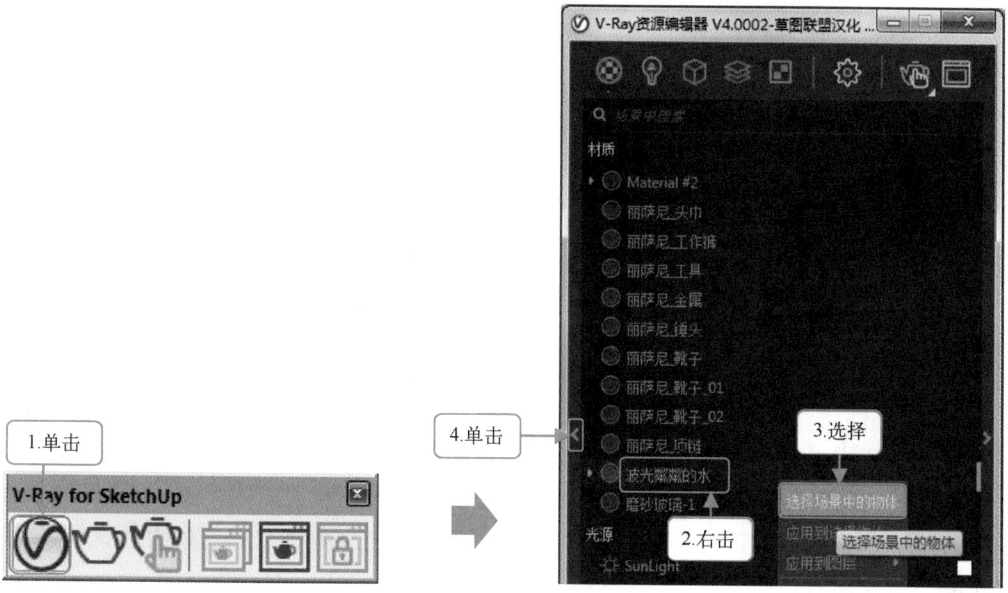

图 6-124　选择场景中水材质

第 03 步：在展开的材质列表库中选择“liquid（液体）”文件夹，在“Search Library”列表中的“玫瑰葡萄酒”材质选项上单击鼠标右键，在弹出的快捷菜单中选择“应用到选择物体”命令，然后单击渲染按钮，如图 6-125 所示。

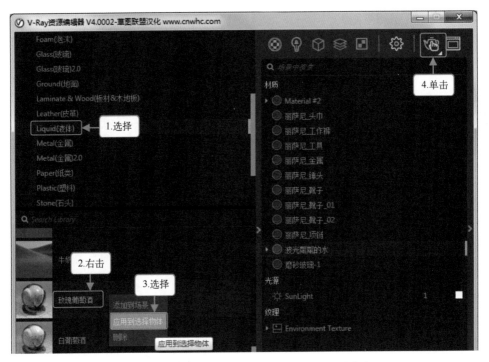

图 6-125　将"玫瑰葡萄酒"材质应用到场景水中

第 04 步：渲染后可看到有色水的渲染效果，如图 6-126 所示。

图 6-126　渲染后的有色水效果

（3）波浪水

第 01 步：打开"素材文件/第 6 章/波浪水 . skp"文件，单击"材料"对话框中的 ✏ 按钮，鼠标光标变成吸管形状，在洗手池的水上单击鼠标吸取材质，如图 6-127 所示。

第 02 步：在"V-Ray for SketchUp"面板上单击 ✅ 按钮，打开"V-Ray 资源编辑器"，在吸附的材质选项上单击鼠标右键，在弹出的快捷菜单中选择"选择场景中的物体"命令，单击左侧的展开按钮，如图 6-128 所示。

第 03 步：在展开的材质列表库中选择"liquid（液体）"文件夹，在"Search Library"列表中的"波_A_02_200 cm"材质选项上单击鼠标右键，在弹出的快捷菜单中选择"应用到选择物体"命令，如图 6-129 所示。

 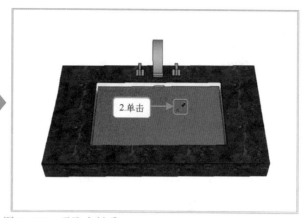

图 6-127　吸取水材质

图 6-128　选择场景中的水材质

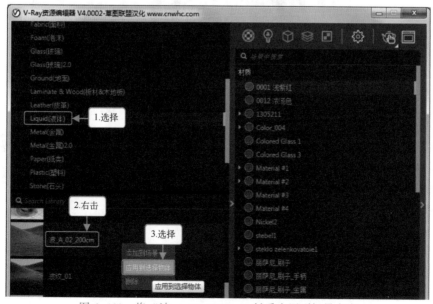

图 6-129　将"波_A_02_200 cm"材质应用到场景水中

第 04 步：在"材料"对话框中选择"编辑"选项卡，设置"纹理"选项的长度和宽度均为"100 mm"，在"V-Ray for SketchUp"面板上单击⊙按钮渲染，如图 6-130 所示。

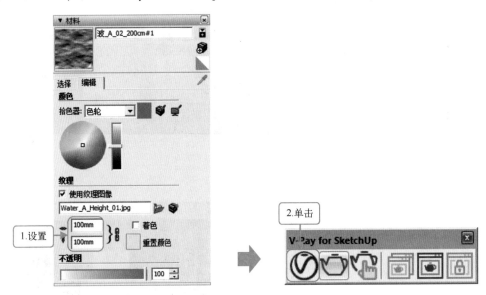

图 6-130　设置水波纹理然后渲染

第 05 步：在渲染窗口中即可查看到波浪水的效果，如图 6-131 所示。

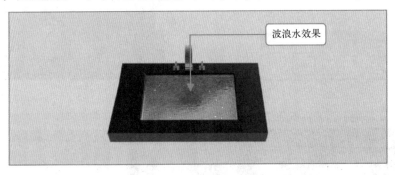

图 6-131　渲染波浪水效果

6.4.5　木材、木地板材质

家装设计中常用的木材材质主要有两种：光亮清漆木材和亚光木材。它们都有一个共同的特点——可以随意将木材贴图进行替换，并需要设置纹理参数。木地板主要是应用复合地板材质，然后调整纹理参数即可。下面分别为读者展开介绍。

1. 光亮清漆木材

第 01 步：打开"素材文件/第 6 章/亮面木材 .skp"文件，打开"V-Ray 资源编辑器"，吸附目标材质（前文已经讲解了很多次吸附材质操作，这里不再赘述），在吸附的材质选项上单击鼠标右键，在弹出的快捷菜单中选择"选择场景中的物体"命令，单击面板下方的⊡按钮，如图 6-132 所示。

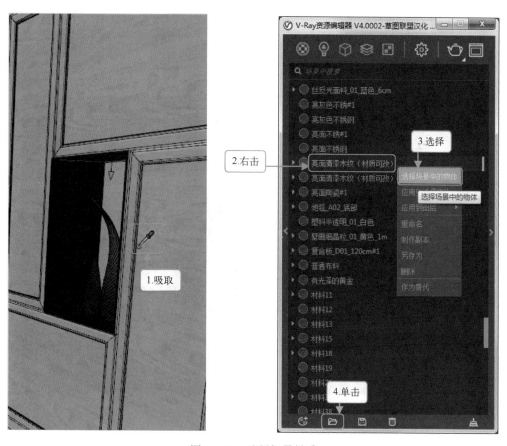

图 6-132　选择场景材质

第 02 步：在打开的"选一个 V-Ray 材质文件"对话框中选择"亮面清漆木纹（材质可更改）.vrmat"材质（注：在本书的附赠材质文件中可以找到），如图 6-133 所示。

图 6-133　加载外部材质

第 03 步：在添加的材质选项上单击鼠标右键，在弹出的快捷菜单中选择"应用到选择物体"命令，单击右侧的展开按钮，然后单击"漫反射"栏下的"漫反射"贴图图标（依次单击，直到打开"选取一个文件"对话框），如图 6-134 所示。

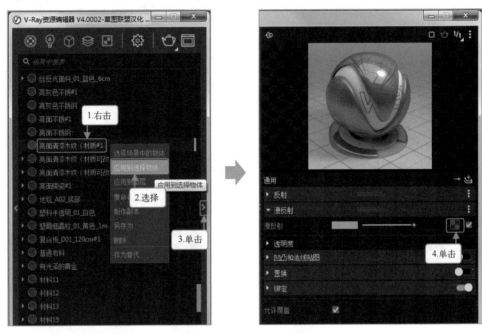

图 6-134　将材质赋予模型并启用漫反射贴图

第 04 步：在打开的"选取一个文件"对话框中选择"10-副本（2）.jpg"木材材质，单击"打开"按钮，如图 6-135 所示。

第 05 步：在"V-Ray 资源管理器"中依次单击"返回"按钮，如图 6-136 所示。

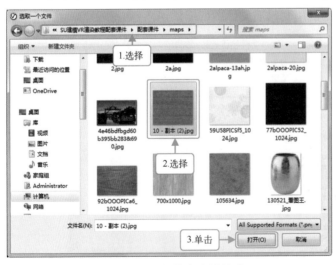

图 6-135　选择指定木材材质

图 6-136　依次单击"返回"按钮

第 06 步：在"材料"对话框中设置材质纹理，这里分别设置为"500 mm"，渲染后即可查看到效果，如图 6-137 所示。

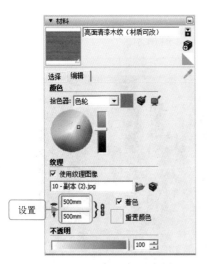

图 6-137　设置材质纹理后并渲染

2. 亚光木材

第 01 步：打开"素材文件/第 6 章/亚光木材 .skp"文件，打开"V-Ray 资源编辑器"，吸附目标材质并在吸附的材质选项上单击鼠标右键，在弹出的快捷菜单中选择"选择场景中的物体"命令，单击左侧的展开按钮，如图 6-138 所示。

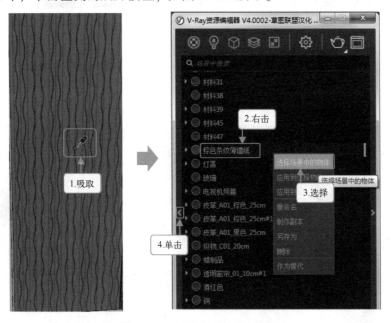

图 6-138　选取场景中的材质

　　　亚光是指与亮光相比光泽有所降低的漆面（光亮度 80 以上的属于亮光漆面），通常分为半亚光漆面（光亮度在 40~60）和全亚漆面（光亮度低于 30）。

第 02 步：在展开的材质列表库中选择"19. 木材"文件夹，在"Search Library"列表中的"拼花地板_平行_B01_120 cm_草图联盟"材质选项上单击鼠标右键，在弹出的快捷菜单中选择"添加到场景"命令，单击右侧的展开按钮，如图 6-139 所示。

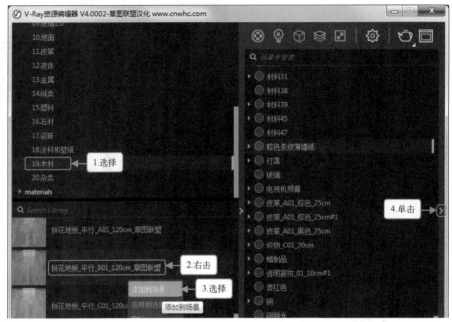

图 6-139　在材质库中选择"拼花地板_平行_B01_120 cm_草图联盟"材质

第 03 步：在添加的地板材质上单击鼠标右键（VR 会自动选择并以高亮显示，不需要用户手动选择），在弹出的快捷菜单中选择"应用到选择物体"命令，单击"漫反射"贴图图标直到打开"选取一个文件"对话框，如图 6-140 所示。

图 6-140　将材质赋予所选模型并启用漫反射贴图

第 04 步：在打开的"选取一个文件"对话框中选择贴图材质，单击"打开"按钮，然后在"材料"对话框中设置材质纹理，这里设置"纹理"的长宽均为"1000 mm"，如图 6-141 所示。

 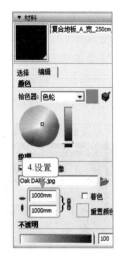

图 6-141　选择贴图材质并设置材质纹理参数

第 05 步：渲染后的效果如图 6-142 所示。

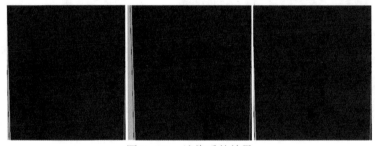

图 6-142　渲染后的效果

3. 木地板

第 01 步：打开"素材文件/第 6 章/木地板 .skp"文件，打开"V-Ray 资源编辑器"，在场景中吸取材质，在吸取的材质上单击鼠标右键，在弹出的快捷菜单中选择"选择场景中的物体"命令，单击左侧的展开按钮，如图 6-143 所示。

 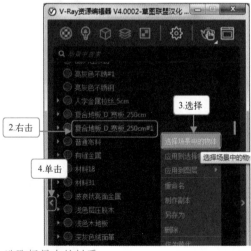

图 6-143　选取场景中的材质

第 02 步：在展开的材质库列表中选择"Laminate&Wood（板材 & 木地板）"类材质文件夹，在"Search Library"列表中的"复合地板_D_窄板_250 cm"材质上单击鼠标右键，在弹出的快捷菜单中选择"应用到选择物体"命令，如图 6-144 所示。

第 03 步：在"材料"对话框中选择"编辑"选项卡，分别设置"纹理"的长宽均为"2500 mm"，如图 6-145 所示。

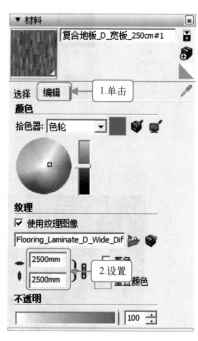

图 6-144 在材质库中赋予物体复合地板材质   图 6-145 设置材质纹理参数

第 04 步：在"V-Ray for SketchUp"面板中单击☉按钮渲染，渲染后效果如图 6-146 所示。

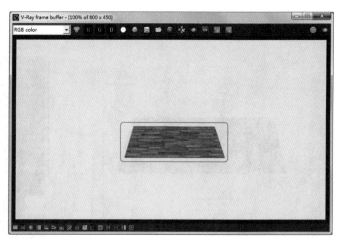

图 6-146 渲染后的木地板效果

如果对复合地板的贴图样式不满意，只需替换漫反射贴图即可。

6.4.6　自发光材质

制作电视自发光模型相对于其他材质模型的赋予有3个特点：一是电视材质需要手动保存一份，因为自发光材质添加后会丢失；二是自发光材质的添加不在 V-Ray 材质库中；三是电视位图材质添加的位置在自发光项目下，而不是在漫反射项目下。具体演示操作如下。

第01步：打开"素材文件/第6章/电视自发光.skp"文件，选择电视材质，在"材料"对话框的"编辑"选项中单击 ◉ 按钮，如图6-147所示。

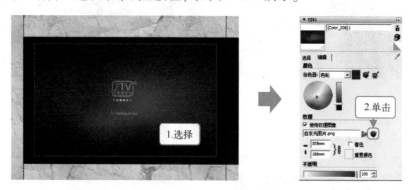

图6-147　导出电视材质

第02步：在打开的外部编辑器中复制图片，如图6-148所示。然后将其保存到其他位置。

图6-148　复制外部编辑器中的图片材质并保存

上两步操作的目的是将电视材质导出到外部并保存备份，以便作为自发光位图的贴图。

第03步：打开"V-Ray 资源编辑器"，在场景中吸取电视材质，并在吸取的材质上单击鼠标右键，在弹出的快捷菜单中选择"选择场景中的物体"命令，然后单击右侧展开按钮，如图6-149所示。

第 04 步：在右侧展开面板的右上角单击■按钮，在弹出的下拉选项中选择"自发光"选项（此时场景中的材质已丢失），如图 6-150 所示。

图 6-149　吸取电视材质

图 6-150　为材质添加自发光

第 05 步：展开"自发光"选项，单击"颜色"贴图图标，在打开的面板左侧单击打开文件按钮，如图 6-151 所示。

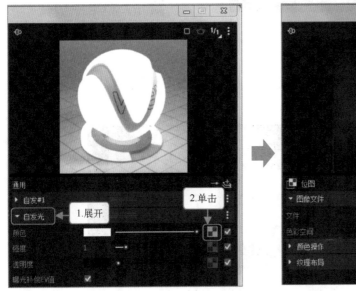

图 6-151　选择位图作为自发光贴图

第 06 步：在打开的"选取一个文件"对话框中，选择"自发光图片.png"选项，单击"打开"按钮，返回到"V-Ray 资源编辑器"中依次单击返回按钮，如图 6-152 所示。

上面操作的目的是将外部备份的电视材质手动添加为自发光位图贴图。

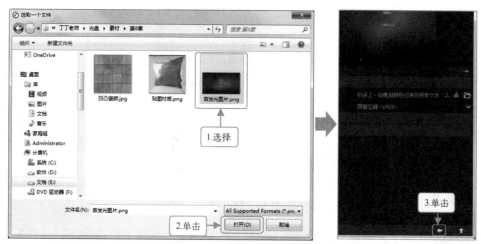

图6-152　添加事先备份的电视材质

第07步：在SketchUp中双击进入电视贴图材质编辑状态，并在其上单击鼠标右键，在弹出的快捷菜单中选择"纹理"→"位置"命令，如图6-153所示。

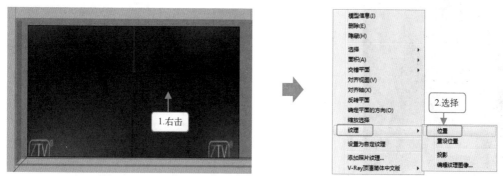

图6-153　编辑电视材质纹理

第08步：拖动调整纹理的4个控制柄，让电视材质显示正常，然后在"V-Ray资源编辑器"中选择电视自发光材质并渲染，渲染后的效果如图6-154所示。

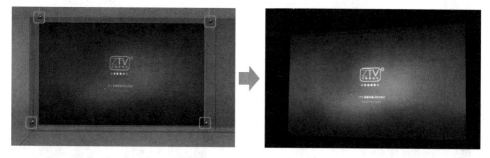

图6-154　调整材质然后渲染

6.4.7　石材材质

家装设计中的石材材质大体可分为两类：一类是光亮石材；另一类是仿古石材。后者需要借助第三方软件Photoshop来处理。两者的具体操作步骤如下所示。

1．光亮石材

光亮石材的制作，需要先套用可替换材质的镜面石材，然后通过设置漫反射和贴图，将其调整成需要的石材材质。它既可以调用 V-Ray 材质库已有的石材材质，也可以调用外部的石材材质。前者方法已经使用过多次，这里不再赘述，这里特为读者讲解调用外部石材材质的操作。

第 01 步：打开"素材文件/第 6 章/亮面石材 .skp"文件，打开"V-Ray 资源编辑器"，在场景中吸取电视墙材质并在其上单击鼠标右键，在弹出的快捷菜单中选择"选择场景中的物体"命令，单击面板下方的 📂 按钮，如图 6-155 所示。

第 02 步：在打开的"选一个 V-Ray 材质文件"对话框中选择"镜面石材（材质可换）.vrmat"材质，单击"打开"按钮，如图 6-156 所示。

图 6-155　选择场景材质

图 6-156　加载外部材质

第 03 步：在添加的材质选项上单击鼠标右键，在弹出的快捷菜单中选择"应用到选择物体"命令，然后单击右侧的展开按钮，最后单击"漫反射"贴图图标直到打开"选取一个文件"对话框，如图 6-157 所示。

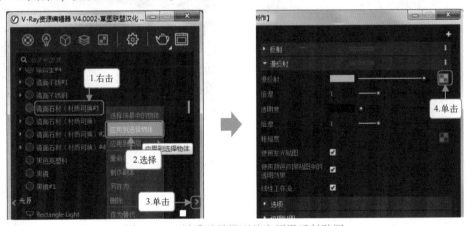

图 6-157　材质赋予模型并启用漫反射贴图

第 04 步：在打开的"选取一个文件"的对话框中，选择"雪花白（特级）.jpg"石材材质，单击"打开"按钮，如图 6-158 所示。

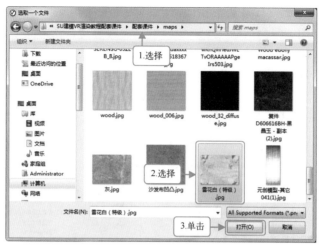

图 6-158　选择贴图位图

第 05 步：返回到"V-Ray 资源编辑器"中依次单击返回按钮，然后在材料对话框中设置纹理参数，将长宽均设置为"1000 mm"，如图 6-159 所示。

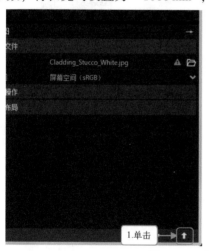

图 6-159　设置贴图纹理参数

第 06 步：渲染后的光亮石材效果如图 6-160 所示。

图 6-160　渲染后的光亮石材效果

2. 仿古石材

仿古石材相对于一般石材表面会更加粗糙，因为它表面有凹凸效果。虽然在调用石材和添加位图贴图的方法与光亮石材基本相同，但仍然需要掌握贴图凹凸的处理方法。因为，V-Ray 默认的凹凸贴图，与当前贴图不一致，不仅需要更换，还需要通过 Photoshop 调整为黑白反色（黑色为凹面，白色为凸面）。

下面以凹凸瓷砖为例，讲解在 Photoshop 中如何处理凹凸位图，具体操作如下。

第 01 步：将"素材文件/第 6 章/凹凸瓷砖 .jpg"图片拖到 Photoshop 中，单击"图像"菜单，在弹出的下拉菜单中选择"调整"→"去色"命令，将图片变成黑白色，如图 6-161 所示。

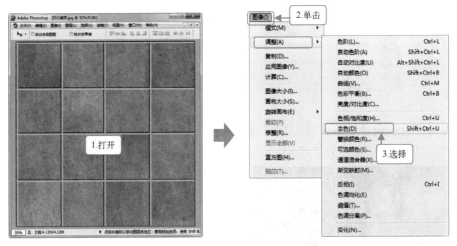

图 6-161　将彩色凹凸图片变成黑白色图片

第 02 步：再次单击"图像"菜单，在弹出的下拉菜单中选择"调整"→"反相"命令，将图片凹凸颜色翻转（凹进去的是黑色、凸出的是白色），如图 6-162 所示。

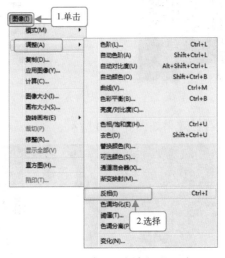

图 6-162　将凹凸颜色调整正常

第 03 步：继续单击"图像"菜单，在弹出的下拉菜单中选择"调整"→"色阶"命令，打开"色阶"对话框，如图 6-163 所示。

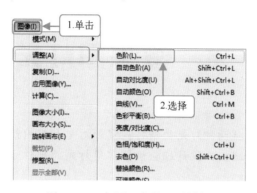

图 6-163　打开"色阶"对话框

第 04 步：在"色阶"对话框拖动滑块调整凹凸面的黑白对比程度，直到符合需求，然后单击"好"按钮，如图 6-164 所示。最后按〈Ctrl+S〉组合键保存。

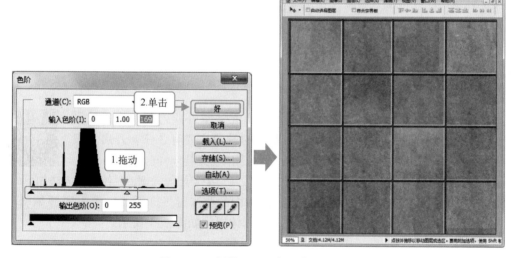

图 6-164　调整凹凸面的黑白对比程度

　　因为是将 jpg 格式的图片直接拖到 Photoshop 软件中处理，所以直接保存的结果仍然是 jpg 格式的图片，而不是 PSD 格式图片。

第 07 章　效果图灯光设计

　　读者需掌握两种灯光的制作：室外灯光和室内灯光。在本章中，笔者将根据实战设计经验讲解常用灯光的制作方式、方法和技巧。

7.1　室外灯光

　　室外灯光，广义上讲是室外的所有光源，包括探照灯、景观灯、太阳光、月光等。不过，在家装中室外灯光主要有 3 种：太阳光、穹顶灯光和平面灯。它们都是模拟室外灯光照射/映衬到室内或从室内向室外看到的灯光。

7.1.1　太阳光

　　太阳光又被称为环境灯光，主要是模拟太阳光从室外照射到室内的效果（从窗户、门、透明顶棚等照射到室内）。对它的设置主要有 3 步：开启太阳光、设置太阳光（颜色、强度和尺寸）和设置太阳照射阴影时间。

　　下面以设置淡蓝色太阳光（强度为 5、尺寸为 2.1）中午照射为例，具体操作方法如下。

　　第 01 步：单击 "V-Ray for SketchUp" 面板中的 ✅ 按钮，打开 "V-Ray 资源编辑器"，单击 "设置" 选项卡，选中 "背景" 复选框，具体操作如图 7-1 所示。

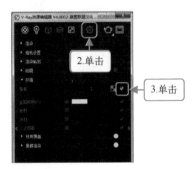

图 7-1　打开 "V-Ray 资源编辑器"

　　第 02 步：单击 "光源" 选项卡，单击对话框右侧的展开按钮，单击 "颜色" 图标打开 "色彩选择器" 对话框，如图 7-2 所示。

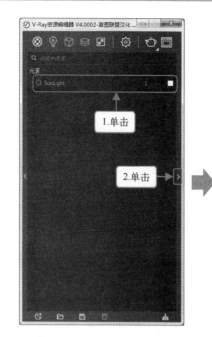

图 7-2　展开太阳光颜色设置对话框

第 03 步：在"色彩选择器"对话框中选择淡蓝色，单击"关闭"按钮返回到"V-Ray资源编辑器"中，设置"强度倍增"为 5，"尺寸倍增"为 2.1，如图 7-3 所示。

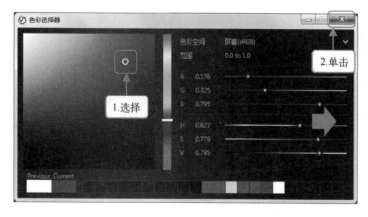

图 7-3　设置太阳光的颜色、强度和尺寸

第 04 步：单击"窗口"菜单，选择"默认面板"→"阴影"命令，在打开的"阴影"对话框中，单击左上角的"显示/隐藏阴影"按钮，拖动"时间"滑块设置阴影时间点，如图 7-4 所示。

提示　关闭太阳光

如果希望整个场景没有太阳光或场景光，可将其手动关闭。方法为：将"背景"复选框取消选中，将参数值更改为 0，关闭"材质覆盖"，关闭"V-Ray 太阳"选项，如图 7-5 所示。

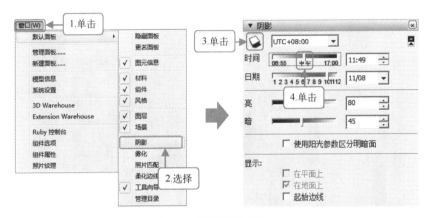

图 7-4　设置阴影时间点

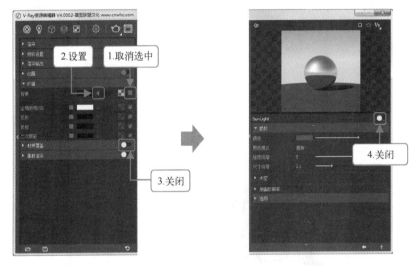

图 7-5　关闭默认开启的太阳光

7.1.2 穹顶灯光

穹顶灯光用于模拟一个半球形的穹顶向模型所在点打灯，不受已有的太阳光影响，主要用于模拟环境光。图 7-6 所示为太阳光阴影和穹顶灯光阴影并存的效果。

为了让读者看到更直观的穹顶灯光效果，笔者在关闭太阳光前提下，添加穹顶灯光模拟环境灯光，具体操作方法如下。

第 01 步：打开"素材文件/第 7 章/穹顶灯光 .skp"文件，调整窗口显示比例，单击"V-Ray Lights"面板中的"穹顶光源"图标按钮 ，如图 7-7 所示。

第 02 步：在合适位置单击，添加穹顶灯光，如图 7-8 所示。

第 03 步：按〈Q〉键启用"旋转"工具，单击添加基点，再次单击添加旋转方向点，然后旋转箭头方向，如图 7-9 所示。

图 7-6 在太阳光下使用穹顶灯光效果

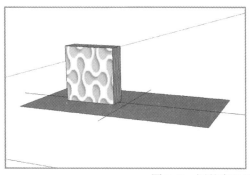

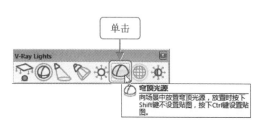

图 7-7 调整窗口显示比例并选用穹顶灯光

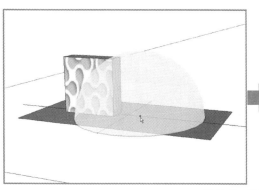

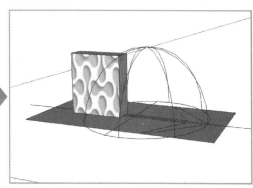

图 7-8 添加穹顶灯光

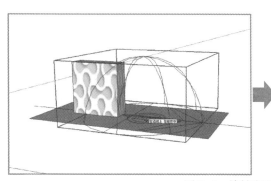

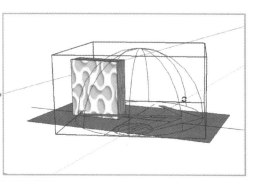

图 7-9 旋转穹顶灯光投射方向

第04步：直接进行渲染，可看到在没有太阳光的情况下穹顶灯光投射效果（相对于有太阳光的情况下效果更加明显），如图7-10所示。

图7-10　穹顶灯光投射效果

7.1.3　平面灯

平面灯常用于投射环境灯光或暗藏灯，如窗户投射光、背景墙中的暗藏灯等。下面以添加窗户投射光为例讲解相应的操作方法。

第01步：打开"素材文件/第7章/平面灯.skp"文件，将窗户周边影响添加平面灯的沙发和台灯隐藏，然后单击"V-Ray Lights"面板中的"面光源"图标按钮，如图7-11所示。

第02步：调整窗口显示比例并在窗户左上角位置单击，作为平面灯的起始绘制点，如图7-12所示。

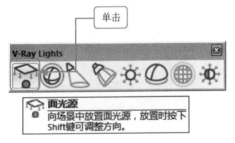

图7-11　选择"面光源"

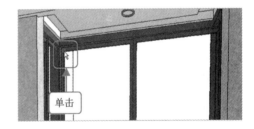

图7-12　确定平面灯起始绘制点

第03步：拖动鼠标光标沿着窗户区域绘制平面灯，使其刚好贴合整个窗户，如图7-13所示。

第04步：在平面灯上单击鼠标右键，在弹出的快捷菜单中选择"翻转方向"→"组件的蓝轴"命令，如图7-14所示。

　　因为平面灯的白色面是正面、蓝色面是背面，因此室内方向需要正面的白色面、室外方向需要背面的蓝色面。

第05步：打开"V-Ray资源编辑器"，设置"强度"为100，单击"颜色贴图"色块，如图7-15所示。

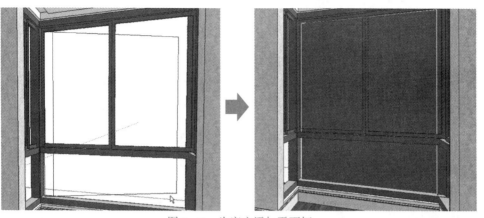

图 7-13 为窗户添加平面灯

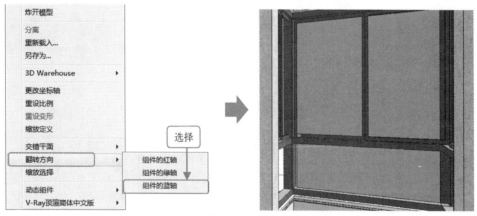

图 7-14 按蓝轴翻转平面灯方向

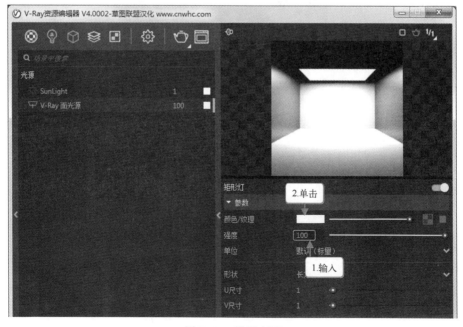

图 7-15 设置亮度

第 06 步：在打开的"色彩选择器"对话框中选择淡蓝色作为灯光颜色，如图 7-16 所示。

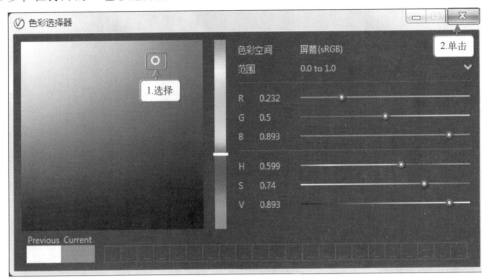

图 7-16　设置灯光颜色

第 07 步：指定渲染方式，待渲染完成后在窗口中可以看到平面灯光效果，如图 7-17 所示。

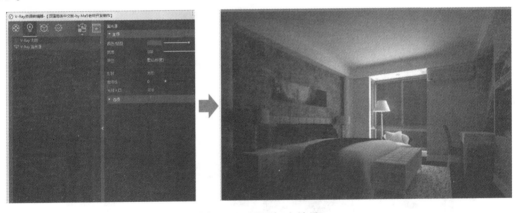

图 7-17　平面灯光效果

 使用平面灯制作暗藏灯的方法与制作窗户投影灯光的方法基本相同，只需在添加时适当地调整视图模式即可。

为了让窗户的外景更美观（默认为黑色的），读者可以在窗户平面灯后面添加一个自发光的外景，窗户、平面灯和外景的效果如图 7-18 所示。

具体操作方法如下。

第 01 步：打开"素材文件/第 7 章/窗户外景.skp"文件，按〈R〉键启用"矩形"工具，绘制矩形作为外景面板，然后在其上单击鼠标右键，在弹出的快捷菜单中选择"反转平面"命令，如图 7-19 所示。

图 7-18 窗户、平面灯和外景的效果

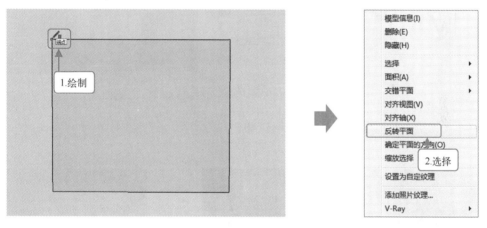

图 7-19 绘制矩形并反转平面

第 02 步：在"材料"对话框中选择"指定色彩"选项，选择"0006 粉红"，在矩形平面上单击，赋予色彩材质，如图 7-20 所示。

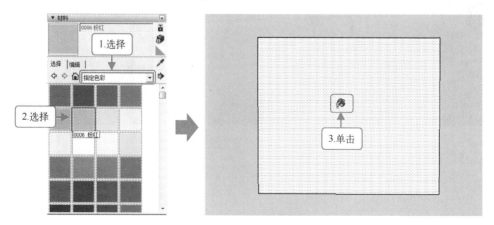

图 7-20 赋予矩形平面色彩材质

第 03 步：单击"V-Ray for SketchUp"面板中的◎按钮，打开"V-Ray 资源编辑器"，单击对话框右侧的展开按钮，如图 7-21 所示。

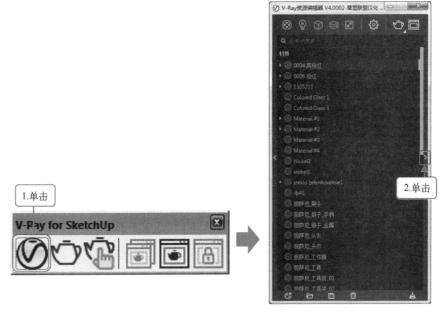

图 7-21　展开属性对话框

第 04 步：单击对话框右上角的加号+按钮，在弹出的下拉选项中选择"自发光"选项，如图 7-22 所示。

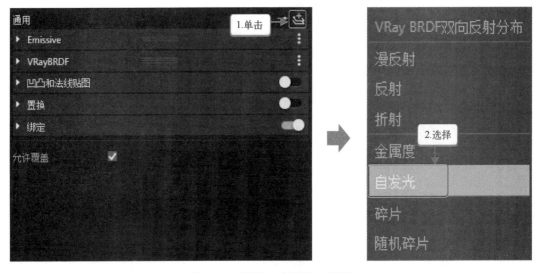

图 7-22　选择"自发光"选项

第 05 步：展开"Emissive"下拉选项，单击"自发光颜色"的贴图图标按钮，如图 7-23 所示。

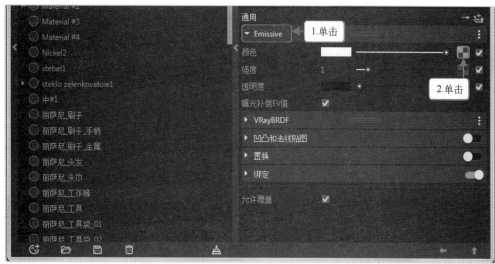

图 7-23 单击"自发光颜色"的贴图图标按钮

第 06 步：单击"打开文件"按钮，打开"选择文件"对话框，如图 7-24 所示。

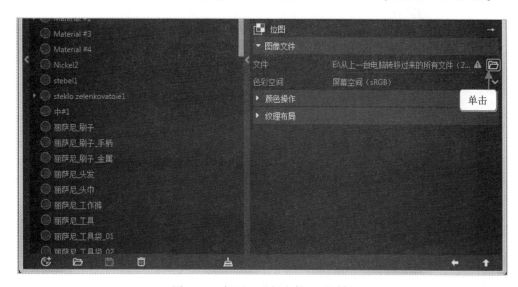

图 7-24 打开"选择文件"对话框

第 07 步：选择"外景图"选项，单击"打开"按钮，返回到"V-Ray 资源编辑器"中单击"返回"按钮，如图 7-25 所示。

第 08 步：在矩形平面上单击鼠标右键，在弹出的快捷菜单中选择"纹理"→"位置"命令，进入纹理编辑状态，如图 7-26 所示。

第 09 步：将鼠标光标移到右下角的控制柄上，按住鼠标左键不放将其移到显示区域右下角，如图 7-27 所示。

第 10 步：将鼠标光标移到左下角的控制柄上，按住鼠标左键不放将其移到显示区域右下角，调整图片大小，如图 7-28 所示。

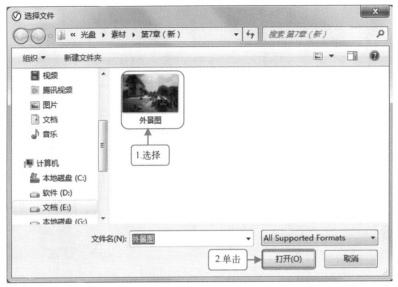

图 7-25　添加位图

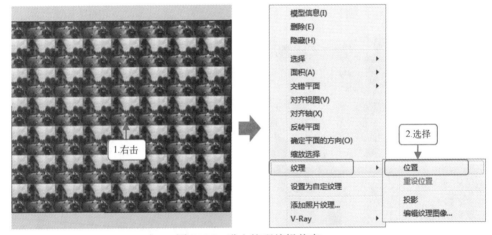

图 7-26　进入纹理编辑状态

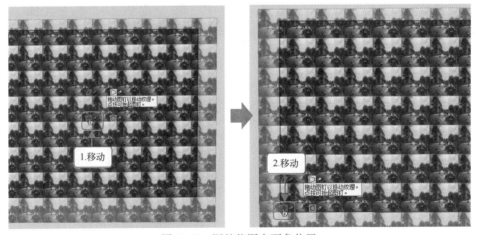

图 7-27　调整位图右下角位置

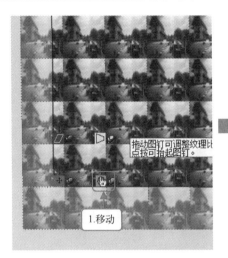

图 7-28 将图片大小缩放到显示区域

第 11 步: 调整场景显示角度, 将窗户背景按绿色轴整体移到最后位置, 如图 7-29 所示。

第 12 步: 调整场景显示角度, 选择平面灯光, 再次打开 "V-Ray 资源编辑器", 如图 7-30 所示。

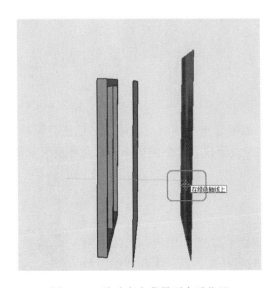
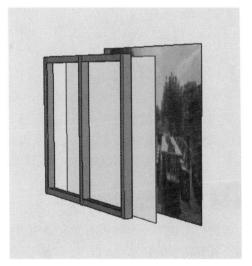

图 7-29 移动窗户背景到合适位置   图 7-30 选择平面灯光

第 13 步: 在 "V-Ray 资源编辑器" 中单击 "灯光" 选项卡, 展开右侧属性对话框, 展开 "选项" 下拉选项, 选中 "不可见" 复选框, 完成整个操作, 如图 7-31 所示。

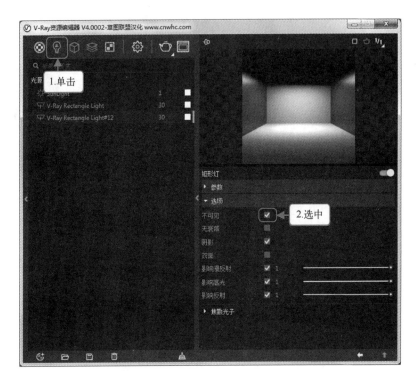

图7-31　设置平面灯光为不可见

7.2　室内灯光

　　室内灯光，也叫室内照明，是室内环境设计的重要组成部分，最原始的功能就是照明。随着人们对美和空间感追求的提升，室内灯光逐步发展成表达空间形态、营造环境气氛的基本元素。下面为读者讲解制作室内常用灯光的方法。

7.2.1　弧形暗藏灯

　　暗藏灯又被称为间接照明，家装中常置于顶棚或墙壁凹槽内，光线通常柔和，具有很强的装饰性。图7-32所示为方正的暗藏灯，其只需在凹槽内绘制平面灯光即可。不过，对于有一定弧度的暗藏灯制作，则需要手动绘制弧形模型，然后借助于几何体添加灯光。例如要制作图7-33所示的弧形暗藏灯（为了直观展示，这里的暗藏灯没放于凹槽内），具体操作方法如下。

　　第01步：打开"素材文件/第7章/弧形暗藏灯.skp"文件，在"使用入门"面板中单击"弧线"类型下拉按钮，选择"两点圆弧"选项，在场景中绘制直线，如图7-34所示。

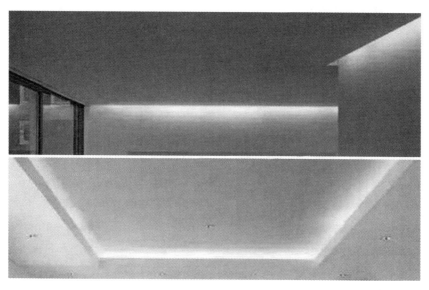

图 7-32 方正暗藏灯

图 7-33 弧形暗藏灯

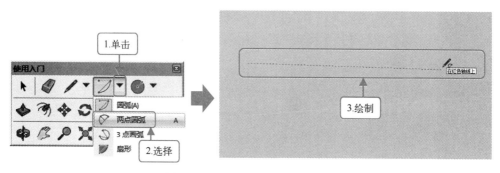

图 7-34 选择 "两点圆弧" 选项

　　第 02 步：鼠标向上移动拉出适合角度的弧线，然后按〈M〉键启用 "移动" 工具，再按住〈Ctrl〉键复制圆弧线，如图 7-35 所示。

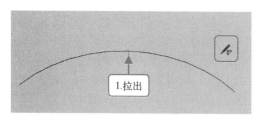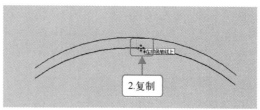

图 7-35 拉出弧线并复制

第 03 步：按〈L〉键启用"直线"工具，绘制直线将两条弧线连接成一个面，如图 7-36 所示。

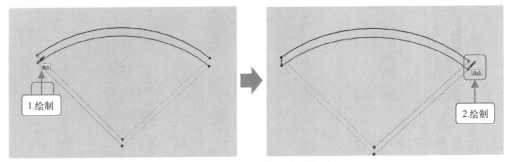

图 7-36 绘制直线将弧线连接成面

第 04 步：按〈P〉键启用"推/拉"工具，将弧形面推拉成厚度为 15 mm 的立体模型，如图 7-37 所示。

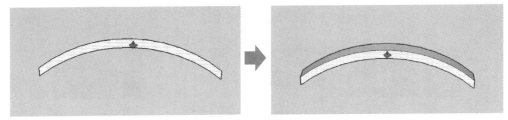

图 7-37 将弧形面推拉成立体模型

第 05 步：选择整个立体弧形，在其上单击鼠标右键，在弹出的快捷菜单中选择"创建群组"命令，将其组合成整体，如图 7-38 所示。

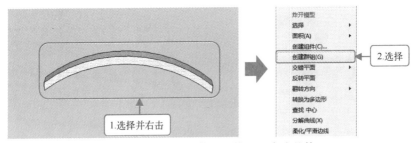

图 7-38 将整个立体弧形模型组合成整体

第 06 步：在"V-Ray Lights"面板中单击"Mesh Light"按钮，SketchUp 自动为选择的立体弧形添加灯光，如图 7-39 所示。

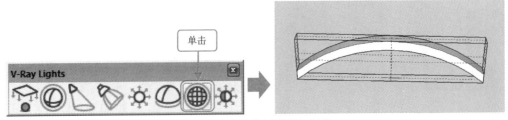

图 7-39 为立体弧形添加灯光

第 07 步：在"V-Ray for SketchUp"面板中单击渲染按钮 ，在渲染窗口中可以看到弧形暗藏灯效果（未放于弧形凹槽内），如图 7-40 所示。

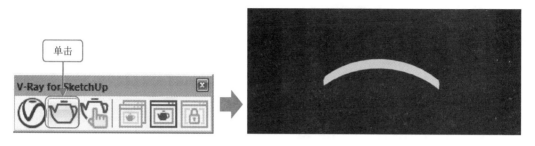

图 7-40　弧形暗藏灯渲染效果

7.2.2　圆形暗藏灯

为图 7-41 所示的圆形吊顶添加暗藏灯时，需要为其量身制作圆形暗藏灯。具体操作方法如下。

图 7-41　圆形吊顶

第 01 步：打开"素材文件/第 7 章/圆形暗藏灯.skp"文件，调整视图显示比例和视觉角度进入到圆形吊顶的暗藏灯内槽，并进入到内槽编辑状态，按〈Ctrl+C〉组合键复制，如图 7-42 所示。

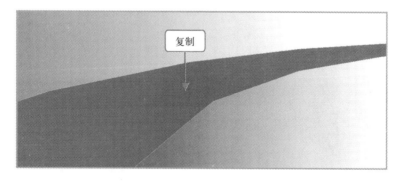

图 7-42　复制内槽圆形

第 02 步：单击"编辑"菜单，选择"原位粘贴"命令，在内槽原位粘贴复制的形状，并在其上单击鼠标右键，在弹出的快捷菜单中选择"创建组件"命令，将其组合为一个整体，如图 7-43 所示。

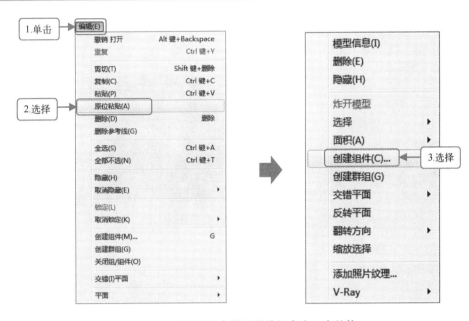

图 7-43　原位粘贴内槽圆形并组合为一个整体

第 03 步：在 "V-Ray Lights" 面板中单击 "Mesh Light" 按钮 ⊕，SketchUp 自动为选择圆形添加灯光，然后在 "V-Ray for SketchUp" 面板中单击渲染按钮 🫖，如图 7-44 所示。

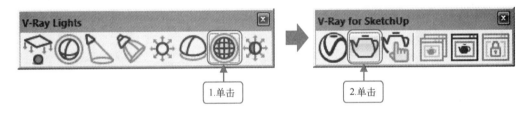

图 7-44　添加网格灯光并渲染

第 04 步：在渲染窗口中可以看到圆形吊顶中的圆形暗藏灯效果，如图 7-45 所示。

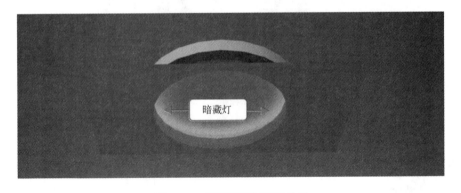

图 7-45　圆形暗藏灯渲染效果

7.2.3 筒灯

　　筒灯（光域网光源，IES）灯光效果与聚光灯灯光效果相似，不过在室内设计中前者使用的范围和频率更高，同时，还能手动添加灯光样式。下面以添加指定筒灯（IES 灯）为例，具体操作方法如下。

　　第 01 步：打开"素材文件/第 7 章/光域网光源 .skp"文件，调整视图显示比例和方向（以便于安装 IES 灯，切换到顶视图和线框显示模式，读者可根据自己的习惯选择），单击"V-Ray Lights"面板中的"光域网光源"图标按钮，如图 7-46 所示。

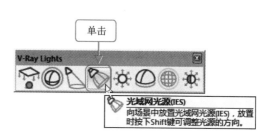

图 7-46　调整视图显示比例并选择"光域网光源"图标

　　第 02 步：在打开的"IES File"对话框中，选择指定样式的 IES 灯，单击"打开"按钮，如图 7-47 所示。

在本书的配套资源中，将会为读者赠送 30 个 IES 灯光样式。

　　第 03 步：在顶棚或吊顶合适位置单击，添加 IES 灯，如图 7-48 所示。

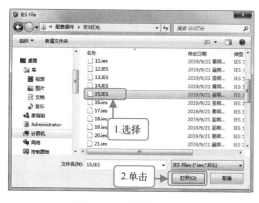

图 7-47　选择 IES 灯　　　　　　　　　图 7-48　添加第一个 IES 灯

第 04 步：在其他位置继续添加 IES 灯光，如图 7-49 所示。

第 05 步：打开"V-Ray 渲染编辑器"，设置"强度"为 30000，单击颜色色块，如图 7-50 所示。

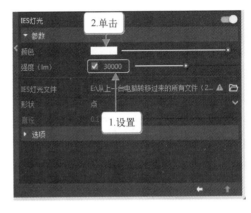

图 7-49　添加其他 IES 灯　　　　　　　图 7-50　设置 IES 灯强度参数并单击颜色色块

第 06 步：在打开的"色彩选择器"对话框中选择黄色作为灯光投影，如图 7-51 所示。

第 07 步：IES 灯渲染后的效果，如图 7-52 所示。

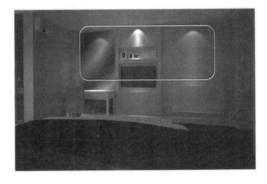

图 7-51　设置 IES 灯颜色　　　　　　　图 7-52　IES 灯渲染后的效果

若添加的 IES 灯因为位置放置不合适出现曝光度过高的情况，只需移动 IES 灯位置进行调整即可。

7.2.4　泛光灯

要制作图 7-53 所示的泛光灯灯光效果，添加和渲染的操作方法如下。

第 01 步：打开"素材文件/第 7 章/泛光灯 .skp"文件，切换到线框显示模式，单击"V-Ray Lights"面板中的"点光源"图标按钮，如图 7-54 所示。

图 7-53　灯光投射有阴影且散开效果

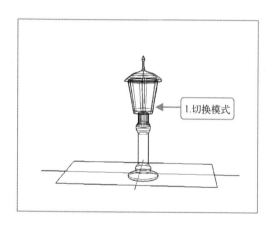

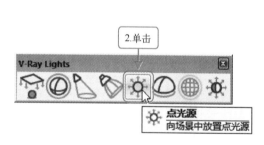

图 7-54　切换到线框显示模式并选择"点光源"图标

第 02 步：在灯芯位置单击，添加点光源（泛光灯），如图 7-55 所示。

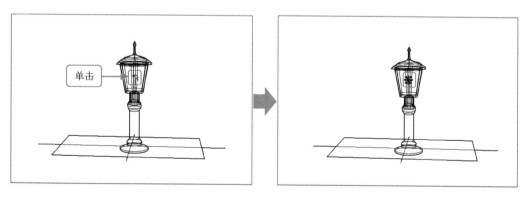

图 7-55　添加泛光灯为灯芯

第 03 步：切换到贴图显示模式，然后在"V-Ray 资源编辑器"中设置"点光源"的"亮度"参数为 30000，如图 7-56 所示，然后渲染即可看到效果。

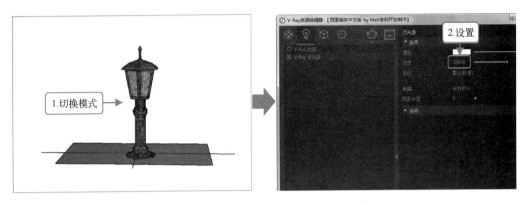

图 7-56　切换显示模式并设置"亮度"参数

7.2.5　聚光灯

聚光灯一般用于舞台或指定场合，在室内设计中也会用到。下面以为窗户旁沙发添加聚光灯为例，讲解相关操作，具体步骤如下。

第 01 步：打开"素材文件/第 7 章/聚光灯.skp"文件，调整视图显示比例和方向，单击"V-Ray Lights"面板中的"聚光灯"图标按钮，如图 7-57 所示。

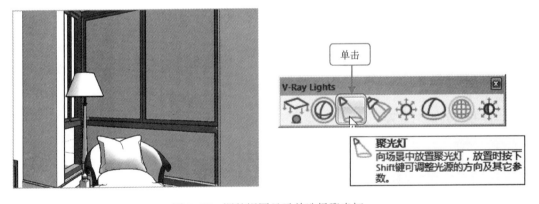

图 7-57　调整视图显示并选择聚光灯

第 02 步：在安装聚光灯的位置单击（第 1 次），按住〈Shift〉键，将鼠标光标向下拉至沙发上，单击（第 2 次）确定光束照射方向，如图 7-58 所示。

第 03 步：在合适位置第 3 次单击确定照射范围，继续在合适的位置第 4 次单击确定灯光衰减范围，如图 7-59 所示。

第 04 步：渲染完成后，可以看到沙发上聚光灯照射的效果，如图 7-60 所示。

图 7-58　安装聚光灯并确定光束照射方向

图 7-59　指定聚光灯的照射范围和衰减范围

图 7-60　聚光灯渲染效果

7.3 调整光源亮度

在前面的操作中,读者可以发现每一次渲染笔者都是在"V-Ray 资源编辑器"中对光源亮度进行设置。如果没有特定的参数要求,这种方法稍显复杂,读者可以使用"V-Ray Lights"面板中的"调整光源亮度"功能直接对灯光强度/亮度进行调整。

方法为:在"V-Ray Lights"面板中选择"调整光源亮度"图标按钮,将鼠标光标移到灯光对象上,按住鼠标左键不放,垂直向上移动调高灯光亮度或垂直向下移动降低灯光亮度,如图 7-61 所示。

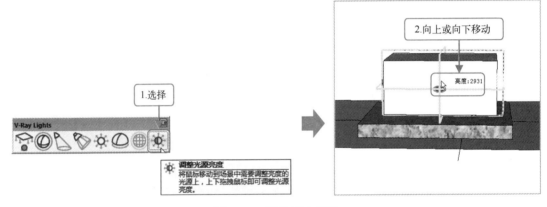

图 7-61　调整灯光亮度

第 08 章　工装的构图与夜景灯光设计

> 　　工装与家装在性质上虽然有所区别，但在模型创建、材质赋予和渲染操作方面的方法基本相同，甚至还会更加简便。不过，工装在构图和夜景灯光处理方面需要一些较为特别的技巧。
> 　　在本章中笔者将结合多年实际设计工作经验，为读者分享一些实用的工装构图与夜景灯光的设计方法技能。

8.1　工装方案的构图

　　在制作大型工装时，构图关系尤为重要，其直接决定整个工装效果。不过它与家装构图的操作基本相同，只是在一些操作流程或细节上稍有不同。下面以添加"景观"场景为例进行讲解，具体的操作方法如下。

　　第 01 步：打开"素材文件/第 8 章/工装构图.skp"文件，在已有的场景标签上单击鼠标右键，在弹出的快捷菜单中选择"添加"命令，新建场景，如图 8-1 所示。

　　第 02 步：在新建的场景标签上单击鼠标右键，在弹出的快捷菜单中选择"场景"命令打开"场景"对话框，如图 8-2 所示。

图 8-1　添加新场景

图 8-2　打开"场景"对话框

SketchUp 中还有另一种创建场景的操作：单击"视图"菜单，选择"动画"→"添加场景"命令，在打开的对话框中选中"另存为新的样式"单选按钮，单击"创建场景"按钮。

第 03 步：在新建的场景标签上单击鼠标右键，在弹出的快捷菜单中选择"重命名场景"命令，在展开的场景属性面板中输入场景名，这里输入"景观"，如图 8-3 所示。

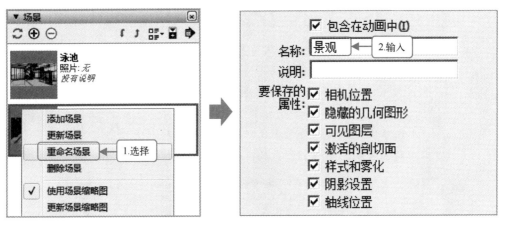

图 8-3　重命名场景

第 04 步：单击"相机"菜单，选择"标准视图"→"顶视图"命令，切换到顶视图，如图 8-4 所示。

第 05 步：单击"视图"菜单，选择"显示模式"→"线框显示"命令，开启线框显示模式，如图 8-5 所示。

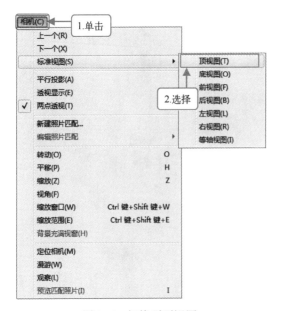

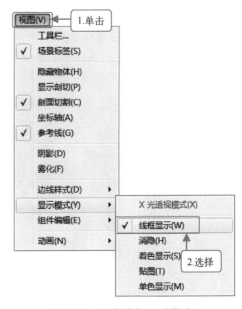

图 8-4　切换到顶视图　　　　　　　　　图 8-5　开启线框显示模式

第06步：在"大工具集"面板中单击"定位相机"按钮，在模型图中绘制相机点位，如图8-6所示。然后输入1500。

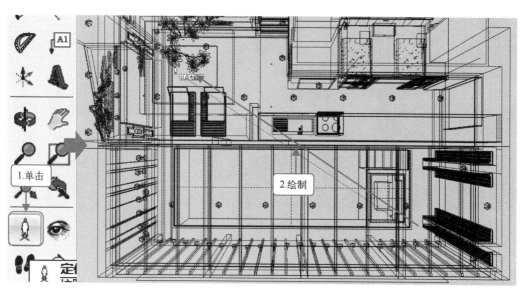

图8-6　相机定位

第07步：单击"视图"菜单，选择"显示模式"→"着色显示"命令，如图8-7所示。

第08步：单击"相机"菜单，选择"两点透视"命令，如图8-8所示。

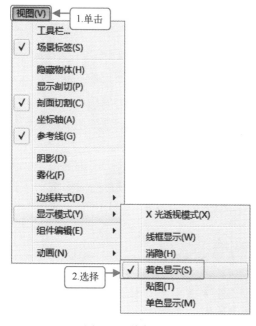

图8-7　着色显示

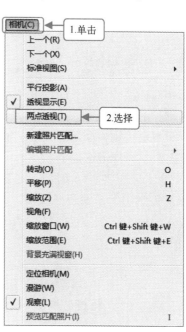

图8-8　开启两点透视模式

第 09 步：滑动鼠标调整视觉远近，然后在场景标签上单击鼠标右键，在弹出的快捷菜单中选择"更新"命令，保存设置，完成场景构图，如图 8-9 所示。

图 8-9　调整视觉远近并进行更新保存设置

8.2　工装夜景灯光的设置

工装夜景灯光的设置主要分两类：环境灯光和室内灯光。前者主要是夜晚天空颜色，也就是夜晚天空照射的光。后者主要是工装内部的射灯、壁灯、过道灯、台灯等，与家装中的灯光使用方法完全相同。

为了让读者更容易理解和掌握工装夜景两类灯光的设置方法和技能，下面分别展开讲解。

8.2.1　工装夜景环境灯光设置

工装相对于家装最明显的特点是：它处于半有的透明状态，有很多大的、完全开放的窗体等，最常见的是落地窗、透明顶棚，甚至有的整个墙体都是由玻璃构成的。这时，环境灯光就必须设置，特别是夜景。其中，重要的设置有 3 个，分别是天空颜色、颜色影响模式和阴影时间。具体操作方法如下。

第 01 步：打开"素材文件/第 8 章/环境灯光.skp"文件，打开"V-Ray 资源编辑器"，单击"设置"选项卡，展开"环境"选项栏，单击"背景"选项的▣图标按钮，打开属性对话框，设置"强度倍增"参数为 1.5，"颜色"为淡蓝色，单击返回按钮，如图 8-10 所示。

在"光源"是"太阳光"选项卡中同样可以进行环境灯光的颜色和强度设置，且设置方法完全一样。顺带补充一句：环境光的设置需要多次调试才能达到理想效果，因此需要多一点耐心。

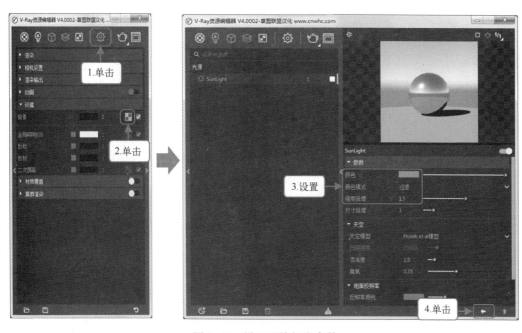

图 8-10　设置环境灯光参数

第 02 步：打开"阴影"对话框，通过移动滑块或输入时间来调整阴影时间，如图 8-11
所示。

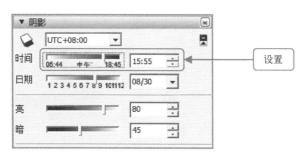

图 8-11　设置阴影时间

8.2.2　工装夜景室内灯光设置

工装夜景灯光的添加设置方法与家装中灯光添加设置方法基本相同，都可以通过 V-Ray
光源轻松实现。下面以在工装内部添加过道射灯为例进行讲解（其他灯光的添加就不再赘
述），具体操作方法如下。

第 01 步：打开"素材文件/第 8 章/工装过道射灯 . skp"文件，在"V-Ray Lights"面
板中单击"光域网光源"图标按钮，在打开的"IES File"对话框中选择灯光样式，这里选
择 15IES，单击"打开"按钮，如图 8-12 所示。

第 02 步：在过道任意位置单击，添加第一个 IES 灯，按〈Esc〉键退出，切换到顶视
图，再切换到线框显示视图模式，按〈M〉键将 IES 灯移到右侧起始位置，如图 8-13 所示。

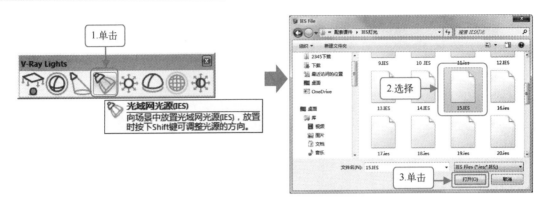

图 8-12　添加 IES 灯

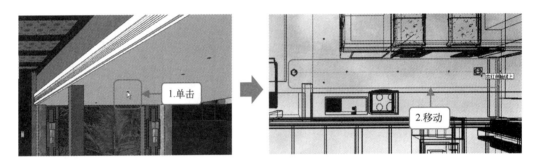

图 8-13　添加 IES 灯并移到右侧起始位置

第 03 步：按住〈Ctrl〉键，将 IES 灯移动复制到过道左侧的端头位置，输入 "/6"，同时再创建 5 个 IES 过道射灯，如图 8-14 所示。

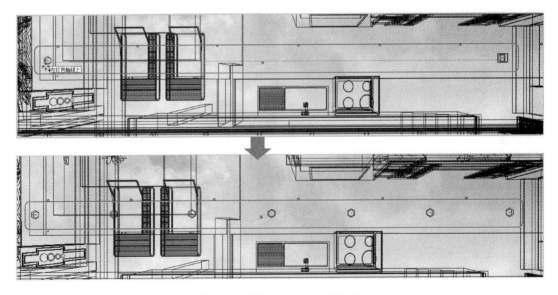

图 8-14　创建 6 个 IES 过道射灯

8.3　工装夜景材质

　　工装夜景材质根据设计风格不同，可以分为 3 类：亚光木类材质、镜面石材和金属材质。虽然它们赋予的方法与家装基本相同，但为了帮助读者更好地理解和掌握工装夜景材质的赋予（特别是新手），同时增加动手实战经验，下面展开详细讲解。

8.3.1　制作亚光木类材质

　　图 8-15 所示的工装墙柱和墙体全是亚光木类材质，给人一种安静和温雅的视觉感受。制作方法相对于直接赋予 V-Ray 地板材质多两步操作：添加贴图和设置纹理。

图 8-15　赋予亚光木类材质墙柱和墙体

　　具体操作方法如下。

　　第 01 步：打开"素材文件/第 8 章/工装亚光木材质 .skp"文件，单击"材料"对话框中的✎按钮，鼠标光标变成吸管形状，在墙柱上单击，吸取材质，如图 8-16 所示。

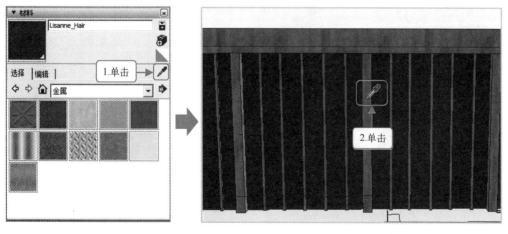

图 8-16　吸取木材材质

第 02 步：在"V-Ray for SketchUp"面板上单击◎按钮，打开"V-Ray 资源编辑器"，在吸附材质选项上单击鼠标右键，在弹出的快捷菜单中选择"在场景中选择物体"命令，单击左侧的展开按钮，如图 8-17 所示。

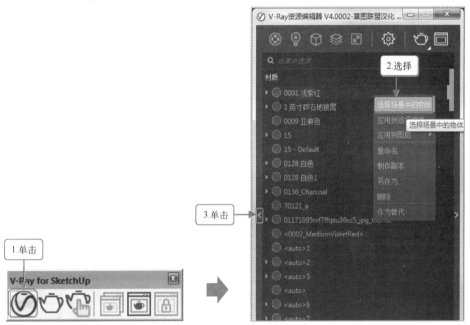

图 8-17　选择场景中的材质

第 03 步：在展开的"材质列表库"中选择"Laminate&Wood（板材 & 木地板）"文件夹，在"三厘板 A01 120cm"材质拖动到预览区中，然后在材质选项上单击鼠标右键，在弹出的快捷菜单中选择"添加到场景"命令，再在添加好的"三厘板 A01 120 cm"材质选项上单击鼠标右键，在弹出的快捷菜单中选择"应用到选择物体"命令，单击对话框右侧的展开按钮，如图 8-18 所示。

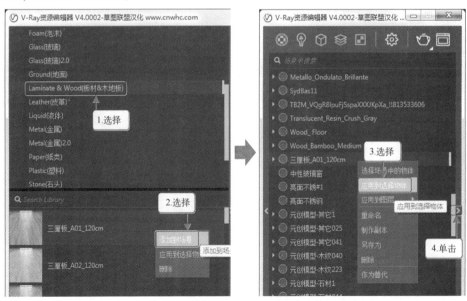

图 8-18　将"三厘板 A01 120 cm"材质赋予场景对象

第 04 步：在展开的右侧对话框中单击"漫反射"对应的■图标按钮，在打开的对话框中单击■图标按钮，打开"选择文件"对话框，如图 8-19 所示。

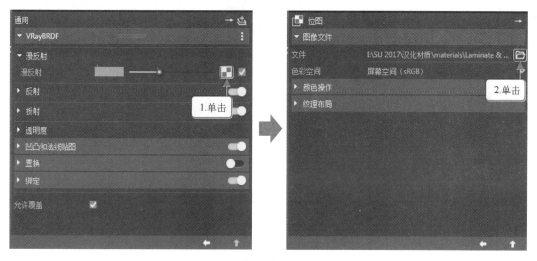

图 8-19　为材质添加位图贴图

第 05 步：选择"亚光木地板"选项，单击"打开"按钮，在"材料"对话框中单击"编辑"选项卡，设置纹理参数长宽分别为 800 mm，如图 8-20 所示。完成操作后，渲染查看效果。

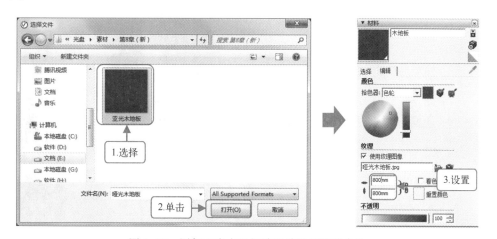

图 8-20　添加亚光木地板贴图并设置纹理参数

8.3.2　镜面石材

镜面石材，不是一个明确的石材类名称，而是一种泛称，可简单理解为表面反射度高或可以像镜子一样成像的所有石材。在工装夜景中赋予这种材质，只需在材质库中选用镜面石材，然后替换贴图即可。具体操作方法如下。

第 01 步：打开"素材文件/第 8 章/镜面石材.skp"文件，单击"材料"对话框中的✏

按钮，鼠标光标变成吸管形状，在地面上单击吸取材质，如图 8-21 所示。

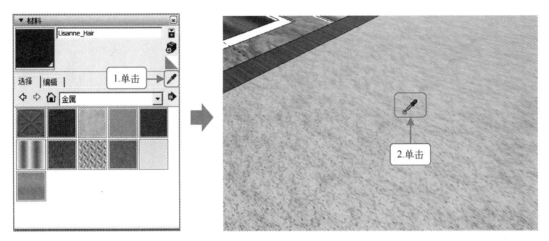

图 8-21 吸取地面材质

第 02 步：在 "V-Ray for SketchUp" 面板上单击 ✅ 按钮，打开 "V-Ray 资源编辑器"，在吸附材质选项上单击鼠标右键，在弹出的快捷菜单中选择 "选择场景中的物体" 命令，单击左侧的展开按钮，如图 8-22 所示。

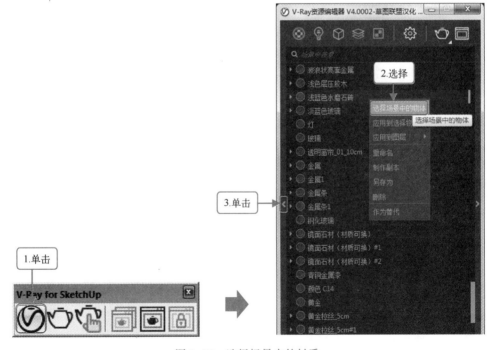

图 8-22 选择场景中的材质

第 03 步：在展开的 "材质列表库" 中选择 "Various（其他各种）2.0" 文件夹，在 "镜面石材（材质可换）" 材质选项上单击鼠标右键，在弹出的快捷菜单中选择

"添加到场景"命令，再在添加好的"镜面石材（材质可换）"选项上单击鼠标右键，在弹出的快捷菜单中选择"应用到选择物体"命令，单击对话框右侧的展开按钮，如图 8-23 所示。

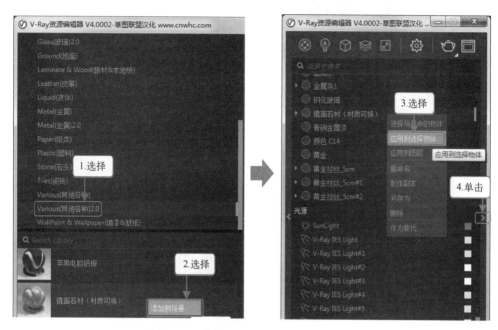

图 8-23　将镜面石材材质赋予场景对象

第 04 步：单击"漫反射"对应的■按钮，在打开的面板中单击◻按钮，打开"选择文件"对话框，如图 8-24 所示。

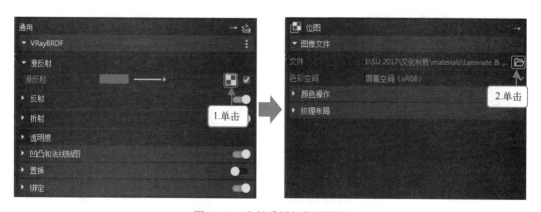

图 8-24　为材质添加位图贴图

第 05 步：在"选择文件"对话框中选择"灰"选项，单击"打开"按钮，在"材料"对话框中单击"编辑"选项卡，设置纹理参数长宽分别为 800 mm，如图 8-25 所示。完成操作后，渲染查看效果。

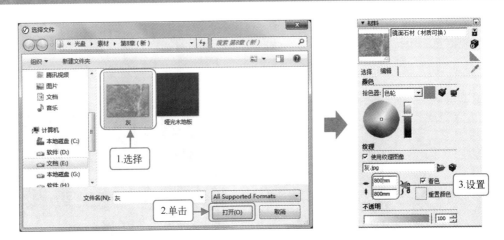

图 8-25　添加灰地板贴图并设置纹理参数

8.3.3　金属材质

工装中金属材质的赋予的操作方法与家装基本相同，不过工装中金属材质需要能增强层次感（或档次感），因此多是黄金类的金属材质，如亮色黄金材质、拉丝黄金材质等。以在工装夜景中赋予镂空装饰模型黄金拉丝材质为例，具体操作方法如下。

第 01 步：打开"素材文件/第 8 章/金属材质.skp"文件，单击"材料"对话框中的 按钮，鼠标光标变成吸管形状，在任一镂空装饰模型上单击吸取材质，如图 8-26 所示。

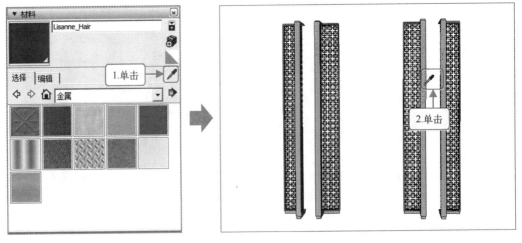

图 8-26　吸取镂空装饰模型的材质

第 02 步：在"V-Ray for SketchUp"面板上单击 按钮，打开"V-Ray 资源编辑器"，在吸附的材质上单击鼠标右键，在弹出的快捷菜单中选择"选择场景中的物体"命令，单击左侧的展开按钮，如图 8-27 所示。

图 8-27 选择场景中的材质

第 03 步：在展开的"材质列表库"中选择"Metal（金属）"文件夹，在"黄金拉丝、5 cm"材质选项上单击鼠标右键，在弹出的快捷菜单中选择"应用到选择物体"命令，如图 8-28 所示。

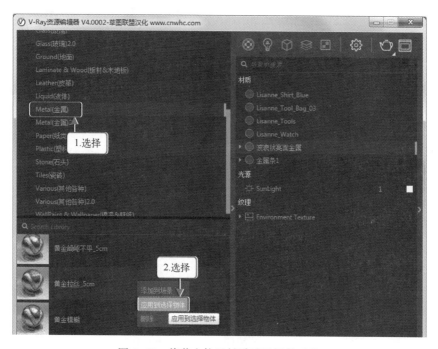

图 8-28 将黄金拉丝材质赋予场景对象

如果要制作表面不那么光滑的黄金材质效果，可在"材质分类"中选择"黄金模糊"或"黄金崎岖不平 5 cm"材质赋予指定的模型。

第 04 步：在"材料"对话框中单击"编辑"选项卡，设置纹理参数长宽分别为 200 mm，在"V-Ray 资源编辑器"中单击渲染按钮进行渲染，如图 8-29 所示。

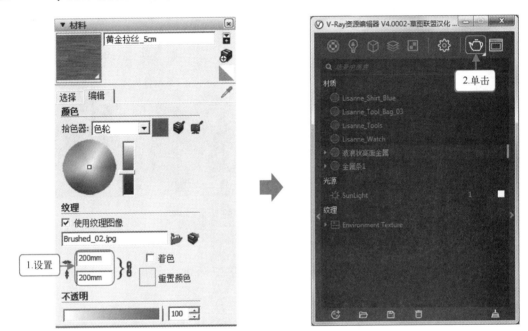

图 8-29 设置黄金拉丝材质纹理参数并渲染

第 05 步：在渲染显示窗口中可以看到镂空模型被赋予黄金拉丝材质的整体效果（读者可以在计算机上放大显示比例查看拉丝的细节），如图 8-30 所示。

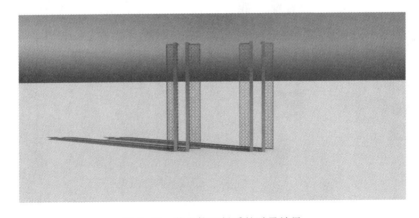

图 8-30 黄金拉丝材质的赋予效果

8.4 工装夜景 Photoshop 处理

本节主要介绍如何使用 Photoshop 处理工装夜景图，使工装夜景效果图整体样式更加美观和接近实际效果。

8.4.1 增强射灯光感

当墙壁是反射性很高的材质（如镜面的石材或玻璃）时，V-Ray 射灯的效果会较弱，虽然符合实际需求，但为了更好地展示效果，需要在 Photoshop 中调整完善。例如，在"壁灯调节"图中添加和调整射灯，操作方法如下。

第 01 步：打开"素材文件/第 8 章/壁灯调节 .psd"和"素材文件/第 8 章/射灯、光晕、灯光分层 .psd"文件，选择切换到"射灯、光晕、灯光分层"窗口，在目标射灯上单击鼠标右键，在弹出的快捷菜单中选择"图层 4"命令选择当前射灯图层，然后，按住〈Ctrl〉键将其拖动到"壁灯调节"窗口中复制射灯，如图 8-31 所示。

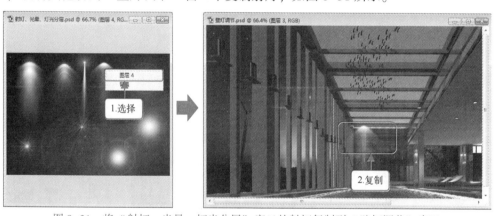

图 8-31 将"射灯、光晕、灯光分层"窗口的射灯复制到"壁灯调节"窗口

第 02 步：在复制的射灯上单击鼠标右键，在弹出的快捷菜单中选择射灯所在的图层，这里选择"图层 3"，然后，按〈Ctrl+T〉组合键进入编辑状态，调整射灯大小（拖动控制柄即可进行调整），如图 8-32 所示。

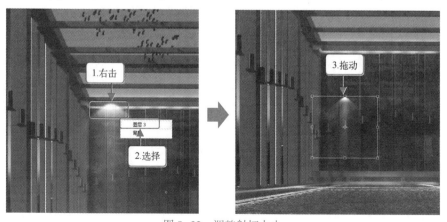

图 8-32 调整射灯大小

第 03 步：在射灯上单击鼠标右键，在弹出的快捷菜单中选择"垂直翻转"命令，调整光照方向，然后将其移动到灯柱的合适位置，如图 8-33 所示。

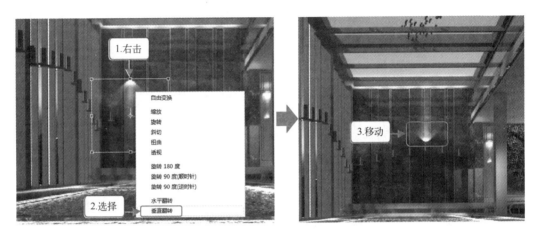

图 8-33 调整射灯光照方向和位置

第 04 步：在工具面板中单击"设置前景色"图标，在打开"拾色器"对话框中选择灯光颜色，单击"好"按钮确定，如图 8-34 所示。

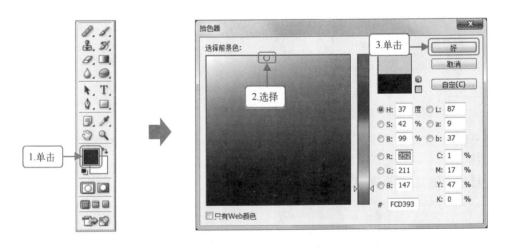

图 8-34 设置射灯灯光颜色

第 05 步：在图层选项卡中单击"锁定透明像素"按钮，按〈Alt+Delete〉组合键填充选择好的浅金色作为灯光颜色，如图 8-35 所示。

第 06 步：调整"不透明度"，也就是灯光亮度，这里调整为 58%，然后移动到合适位置，如图 8-36 所示。

第 07 步：复制灯光到其他的射灯柱上，效果如图 8-37 所示。

图 8-35　填充射灯灯光颜色

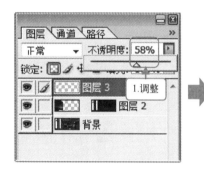

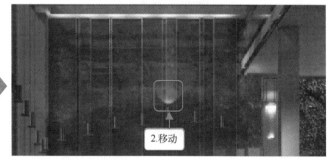

图 8-36　调整射灯亮度并移动到合适位置

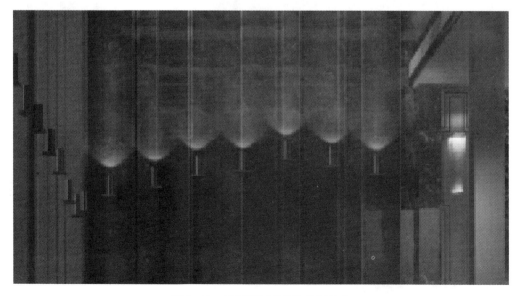

图 8-37　复制射灯到其他的灯柱上

8.4.2 添加虚化背景

工装中若要通过窗户、落地窗、玻璃墙或玻璃顶等看到外面的风景，需要读者在Photoshop中手动添加处理。

例如，在工装图添加夜景窗户的外景图，操作方法如下。

第01步：启动Photoshop软件，在素材文件夹中选择"夜景图1"和"夜景图2"文件，并将其拖动到Photoshop软件窗口上，将其添加到Photoshop中，如图8-38所示。

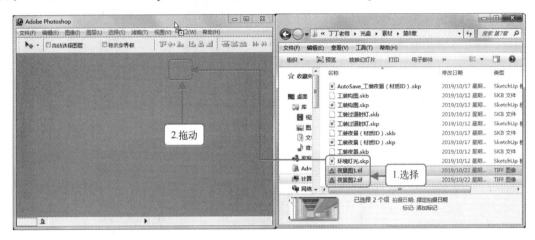

图8-38 将夜景图添加到Photoshop中

第02步：选择材质ID图窗口，按〈Ctrl+A〉组合键全选，再按〈Ctrl+C〉组合键复制，如图8-39所示。

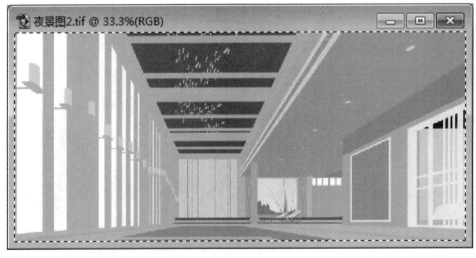

图8-39 复制材质ID图

第03步：选择"夜景图1.tif"窗口，按〈Ctrl+V〉组合键将材质ID图粘贴到窗口中，如图8-40所示。

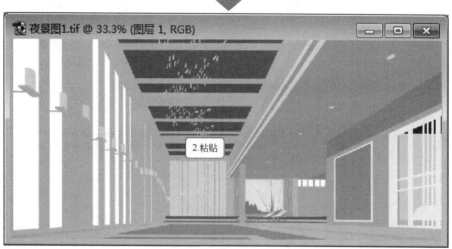

图 8-40 将材质 ID 图粘贴到"夜景图 1"窗口中

第 04 步：选择渲染图图层（这里是"背景"图层），并将其拖到复制按钮上复制副本，然后将"背景副本"移动到"图层 1"上层，如图 8-41 所示。

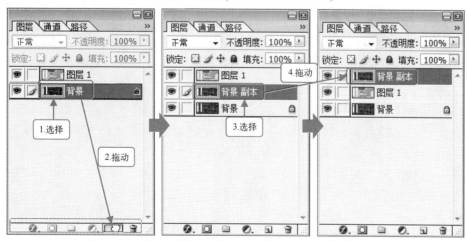

图 8-41 复制"背景"图层并将复制后的图层移到最上层

第05步：选择"图层1"，在工具集面板中单击"魔棒工具"图标按钮，如图8-42所示。

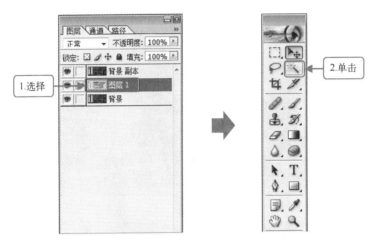

图8-42　选择"图层1"并调用"魔棒工具"

第06步：在渲染图上选择落地窗中使用玻璃材质的白色区域，也就是夜景透过的区域，如图8-43所示。

图8-43　选择窗玻璃材质的白色区域

第07步：在"素材/第8章/maps"文件夹中选择夜景图片，将其拖动到Photoshop中，按〈Ctrl+A〉组合键全选，再按〈Ctrl+C〉组合键复制，将其作为落地窗外景图，如图8-44所示。

第08步：切换到"夜景图1"编辑窗口中，单击"编辑"菜单，选择"粘贴入"命令，粘贴到选择的区域中，将自动生成的图层移到最上层，如图8-45所示。

第09步：按〈Ctrl+T〉组合键进入变形状态，按住〈Ctrl〉键，将鼠标光标移到角落变形控制柄上，按住鼠标左键移动调整透视方向，如图8-46所示。

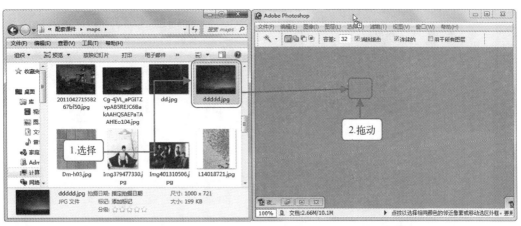

图 8-44　将落地窗外面的夜景图添加 PS 中并复制

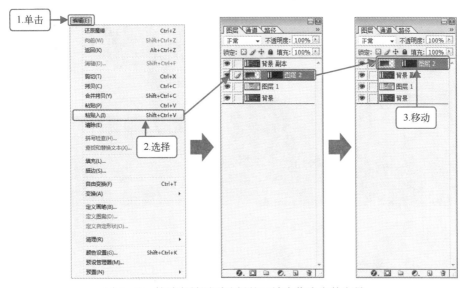

图 8-45　粘贴夜景图到选择的区域中作为窗外夜景

图 8-46　调整透视外景图

第 10 步：调整后的落地窗外景效果，如图 8-47 所示。

图 8-47　调整后的落地窗外景效果

8.4.3　添加灯光光晕

通常情况下在 V-Ray 中添加的灯光材质没有光晕效果，为了让工装夜景图中的过道灯光效果更加漂亮，读者可以为其手动添加光晕效果，具体操作方法如下。

第 01 步：用 Photoshop 打开"素材文件/第 8 章/过道灯光 . tif"文件（将图片拖动到 Photoshop 快捷启动图标上），然后将"素材文件/第 8 章/射灯、光晕、灯光分层 . psd"文件打开，如图 8-48 所示。

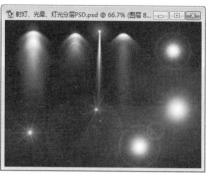

图 8-48　用 Photoshop 分别打开需要处理的工装图片和光晕文件

第 02 步：选择"射灯、光晕、灯光分层"窗口，在左下角的光晕上单击鼠标右键，在弹出的快捷菜单中选择"小"图层，按住〈Ctrl〉键将其拖动到"过道灯光 . tif"窗口中，复制选择的光晕，如图 8-49 所示。

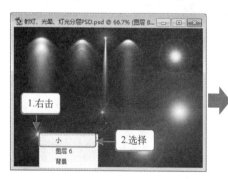

图 8-49　复制光晕到"过道灯光 . tif"窗口中

第 03 步：在"图层"面板中选择"小"图层，按〈Ctrl+E〉组合键向下合并图层，将添加的光晕和灯芯合并为一个图层，以便调整大小和复制，如图 8-50 所示。

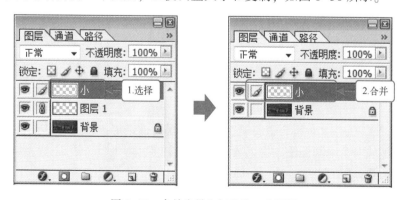

图 8-50　合并光晕和灯芯为一个图层

第 04 步：放大窗口并将光晕移到对应射灯位置，按〈Ctrl+T〉组合键进入图形调整状态，将鼠标光标移到右下角的控制柄上单击，按住〈Alt〉键的同时拖动鼠标调整光晕大小，如图 8-51 所示。

图 8-51　移动光晕位置并调整大小

第 05 步：选择光晕，按住〈Alt〉键分别拖动复制到对应的射灯下，最终效果如图 8-52 所示。

图 8-52　拖动复制光晕到对应的射灯下

8.4.4　上调整体色调

对工装夜景整体亮度的调整，需注意两点：一是对色阶的中间色调进行调整（以避免出现曝光过度或暗部全黑的情况）；二是叠加一个透明滤色，具体操作方法如下。

第 01 步：用 Photoshop 打开"素材文件/第 8 章/工装夜景亮度调整 .tif"文件，选择"小副本 5"图层，按〈Ctrl+E〉组合键依次向下合并，直到所有图层合并为一个图层，如图 8-53 所示。

第 02 步：按〈Ctrl+M〉组合键打开"曲线"对话框，将鼠标光标移到曲线中间位置，按住鼠标左键不放向上拖动调整，将工装图整体的中间色调进行适当提高，然后单击"好"按钮确定，如图 8-54 所示。

第 03 步：选择"背景"图层，将其拖动到"创建新的图层"按钮 📄 上复制图层，如图 8-55 所示。

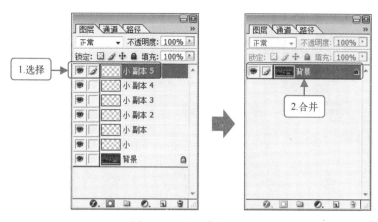

图 8-53　向下合并图层

图 8-54　调整中间色调

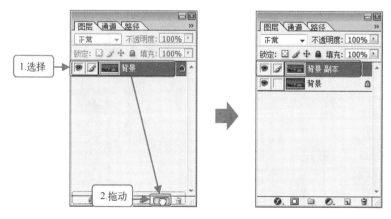

图 8-55　复制图层

第 04 步：选择"背景 副本"图层，单击下拉选项按钮，选择"滤色"选项，设置 "不透明度"参数为 5%，如图 8-56 所示。

第 05 步：工装图整体的中间色调得到明显提高（亮光部分和暗黑部分没有出现曝光过 度和全黑情况），如图 8-57 所示。

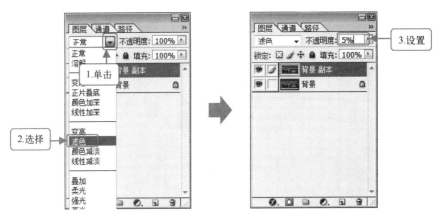

图 8-56　添加"滤色"效果并调整"不透明度"参数

图 8-57　调整工装图整体色调效果

8.4.5　上调夜景泳池亮度

图 8-57 所示的工装泳池中可以明显看出水面较暗，需要进行亮度调整。若对整体效果进行色阶调整会导致过度曝光或全黑，此时需要对指定区域进行调整，具体操作方法如下。

第 01 步：用 Photoshop 打开"素材文件/第 8 章/泳池亮度调整 . psd"文件，选择"图层 1"材质 ID 图层，在工具集面板中单击"魔棒工具"图标按钮，如图 8-58 所示。

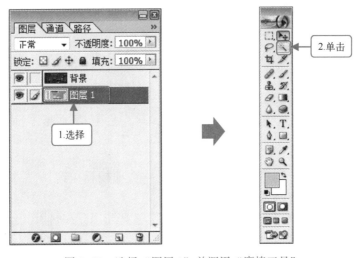

图 8-58　选择"图层 1"并调用"魔棒工具"

第 02 步：将鼠标光标移到泳池水面单击，选择指定区域，如图 8-59 所示。

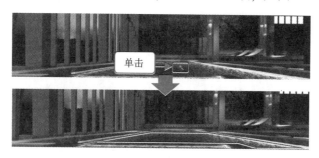

图 8-59　选择指定区域

第 03 步：选择"背景"图层，按〈Ctrl+L〉组合键打开"色阶"对话框，调整滑块到合适位置，单击"好"按钮确定，如图 8-60 所示。

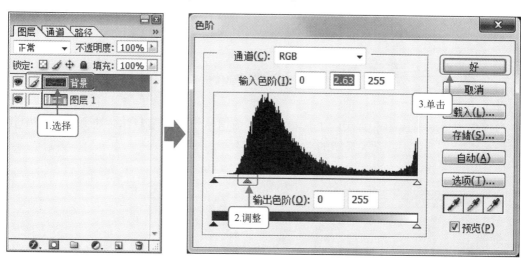

图 8-60　调整中间色调

第 04 步：泳池中指定区域的水面亮度明显提高，反光效果更明显，如图 8-61 所示。

图 8-61　调整后指定区域的反光效果明显

第 09 章　新中式居住空间效果图制作

> 家装设计其实是对居住空间的设计，让住户居住环境更加美观、舒适，从而提升生活品质。本章将会带领读者一起制作一个当前流行的新中式风格居住空间效果图。

9.1　最初的平面图和最终的效果图

本例中，运用 SketchUp 常用的工具和操作，依据一张平面图制作一个立体的新中式居住空间效果图。图 9-1 所示为最初的平面图和最终的效果图。

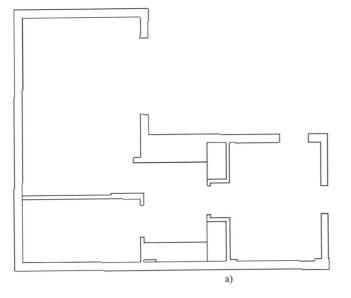

a)

图 9-1　素材和结果

a）最初的平面图

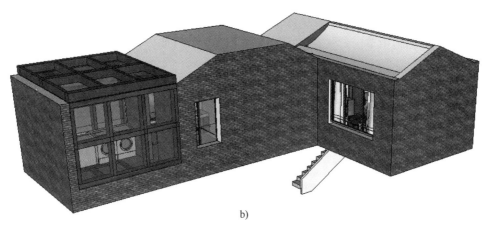

b)

图 9-1　素材和结果（续）

b）最终的效果图

9.2　制作房屋架构

制作房屋架构时，主要是对墙体、窗洞、墙洞和山墙等的制作。其中主要使用的工具包含：封面、推拉、卷尺、直线等，同时进行一些细节线条的删除处理。下面分别进行详细讲解。

9.2.1　制作墙体

图 9-2 所示为一张已导入的 CAD 平面图，需要对其进行封面和推拉，制作出房屋墙体，为墙洞、窗洞、山墙和衣柜模型的制作奠定基础，操作方法如下。

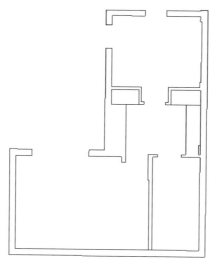

图 9-2　已导入的 CAD 平面图

第 01 步：打开"素材文件/第 9 章/家装 .skp"文件，选择房屋墙体平面图，在"坯子助手 1.50"工具面板中单击"快速封面"图标按钮进行封面，如图 9-3 所示。

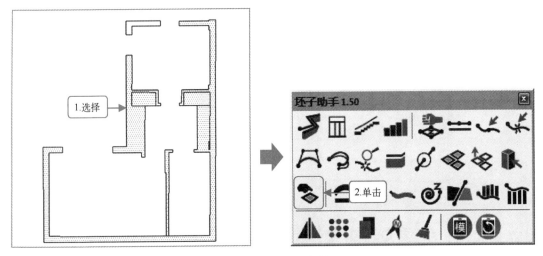

图 9-3　对平面图进行封面

第 02 步：按〈P〉键启用"推/拉"工具，将墙体向上推拉 2790 mm，制作部分墙体，如图 9-4 所示。

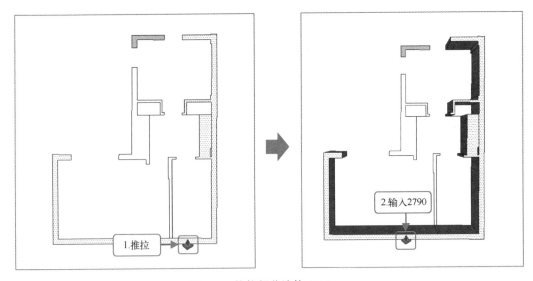

图 9-4　推拉部分墙体 2790 mm

第 03 步：将"推/拉"工具移到其他墙体上双击，SketchUp 自动推拉 2790 mm 高度，如图 9-4 所示。

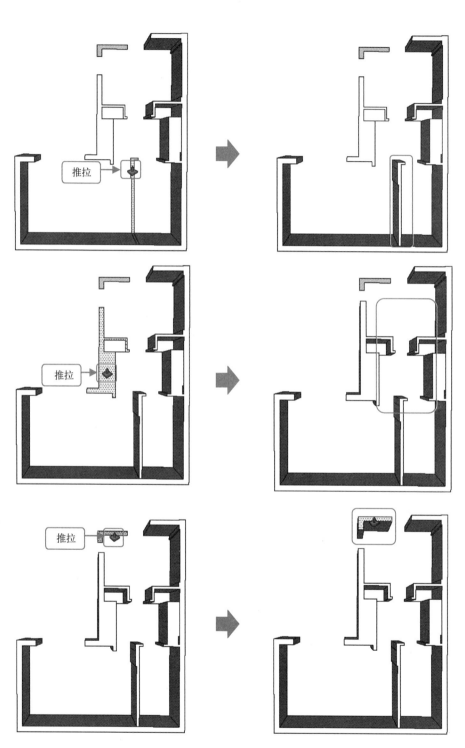

图 9-4 推拉剩余部分墙体 2790 mm

9.2.2 制作窗洞和门洞

1. 遗留问题解决

在 9.2.1 中未对阳台墙体进行闭合推拉，造成阳台窗洞的制作缺少墙体，因此需要将其手动封面并推拉 2790 mm，具体操作方法如下。

第 01 步：打开"素材文件/第 9 章/家装 1. skp"文件，切换视图显示方向和比例，按〈L〉键启用"直线"工具，在端点位置单击绘制直线使墙体闭合成平面，如图 9-5 所示。

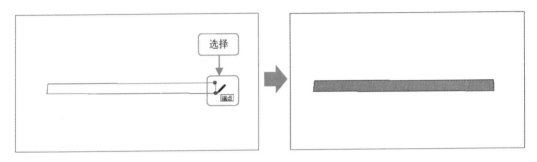

图 9-5　使用直线工具使阳台外墙闭合

第 02 步：按〈P〉键启用"推/拉"工具，移到闭合的面上向上推拉，输入 2790，SketchUp 自动推拉 2790 mm 高度，如图 9-6 所示。

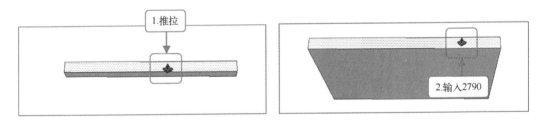

图 9-6　推拉 2790 mm

2. 制作窗洞

以阳台窗户为例，具体操作方法如下。

第 01 步：打开"素材文件/第 9 章/家装 2. skp"文件，切换视图显示方向和比例，选择墙体上多出的线条，按〈Delete〉键删除，如图 9-7 所示。

第 02 步：选择边线，按〈M〉键，按住〈Ctrl〉键复制线条，输入 240，如图 9-8 所示。

第 03 步：按〈L〉键启用"直线"工具，绘制高度为 600 mm 的阳台窗台截面，如图 9-9 所示。

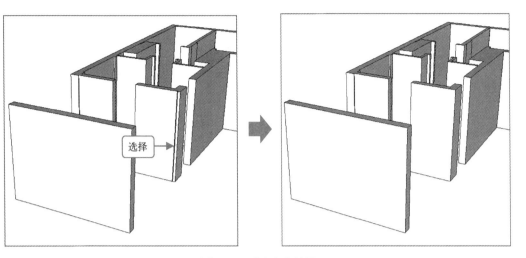

图 9-7 删除多余的线

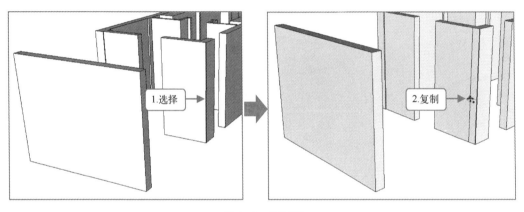

图 9-8 复制线

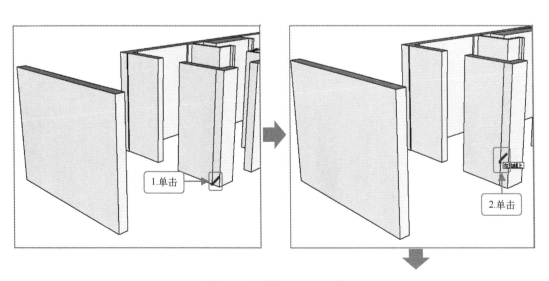

图 9-9 绘制阳台窗台截面

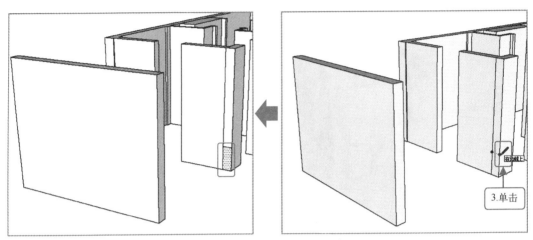

图 9-9 绘制阳台窗台截面（续）

第 04 步：按〈P〉键启用"推/拉"工具，调整视图显示方向和比例，将阳台窗台截面向左推拉到左侧的墙壁上，制作成窗台，如图 9-10 所示。

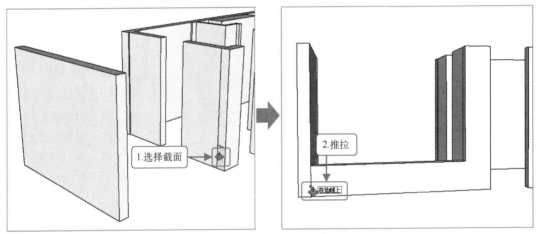

图 9-10 制作阳台窗台

第 05 步：选择多余的线条，按〈Delete〉键将其删除，如图 9-11 所示。

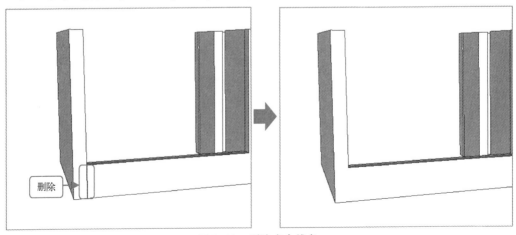

图 9-11 删除多余线条

第 06 步：以同样的方法制作另一侧的阳台窗台。并封制为窗洞（窗台离地面 900 mm，窗框高度 1500 mm），然后将上下里外的多余线条删除多余线条，如图 9-12 所示。

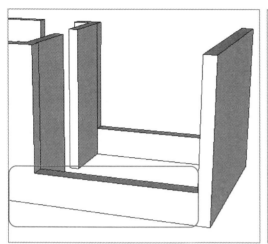 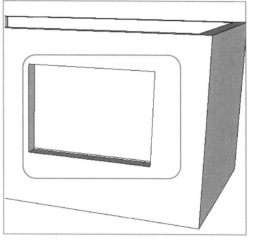

图 9-12　制作另一侧的阳台窗台

第 07 步：以同样方法制作另一个窗洞（窗台离地面 900 mm，窗框高度 1400 mm），然后删除多余线，如图 9-13 所示。

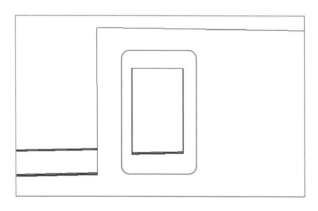

图 9-13　制作另一个窗洞

3. 制作门洞

门洞的制作，先确定门洞的高度，然后推拉封面即可，具体操作方法如下。

第 01 步：打开"素材文件/第 9 章/家装 3.skp"文件，按〈L〉键启用"直线"工具，在门的地面位置单击，向上绘制高度为 2500 mm 的直线，如图 9-14 所示。

第 02 步：将鼠标光标移到 2500 mm 的端点处单击，单击鼠标左键锁定方向，然后在门洞的右侧边线上单击绘制直线分割截面，如图 9-15 所示。

第 03 步：按〈P〉键启动"推/拉"工具，将其移动到分割的面上，按住鼠标左键不放向右推拉制作门框，如图 9-16 所示。

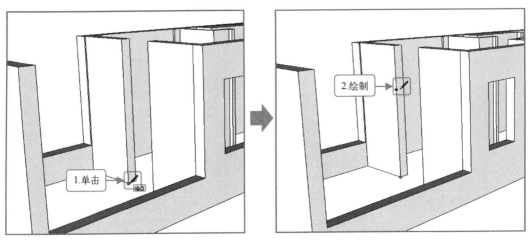

图 9-14　向上绘制直线

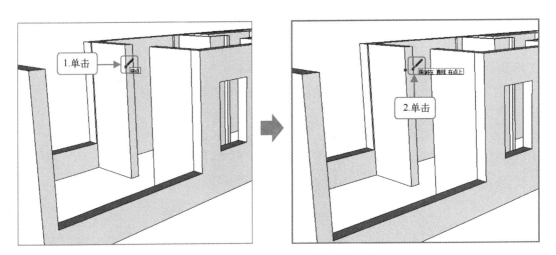

图 9-15　在 2500 mm 位置绘制直线分割截面

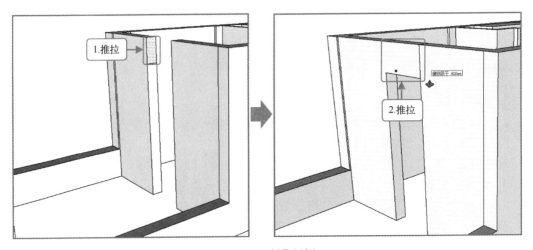

图 9-16　制作门框

第 04 步：选择门框上的线条，按〈Delete〉键将其删除（上下里外的多余线条都要删除），如图 9-17 所示。

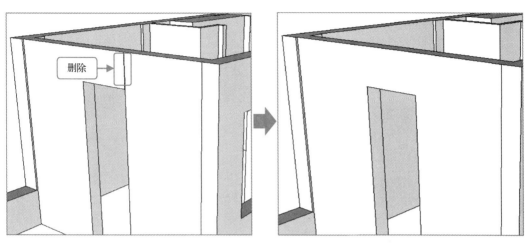

图 9-17　删除多余线条

第 05 步：以同样方法制作其他门洞，效果如图 9-18 所示。

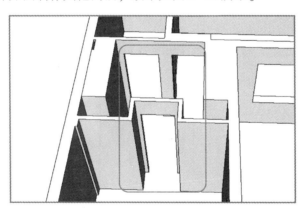

图 9-18　制作其他门洞

9.2.3 制作山墙

本例中山墙分为两种：一是三角山墙，二是四角山墙。两种山墙的制作方法相同，主要用到卷尺、直线和推拉等工具。为了让读者更好地理解和掌握，下面分别进行演示。

1. 制作三角山墙

第 01 步：打开"素材文件/第 9 章/家装 4. skp"文件，单击"视图"菜单，选择"参考线"命令，如图 9-19 所示。

第 02 步：按〈T〉键启用"卷尺"工具，从墙体左侧边线位置单击，作为起始位置，然后向右移动到中点位置单击，制作中心参考线，如图 9-20 所示。

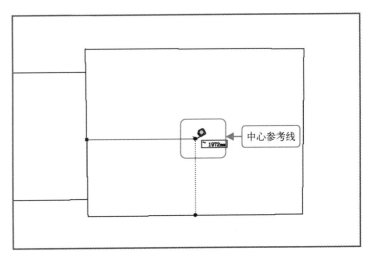

图 9-19 选择"参考线"命令   图 9-20   制作中心参考线

第 03 步：在墙体底部单击，向上绘制距离为 3700 mm 的参考线，如图 9-21 所示。

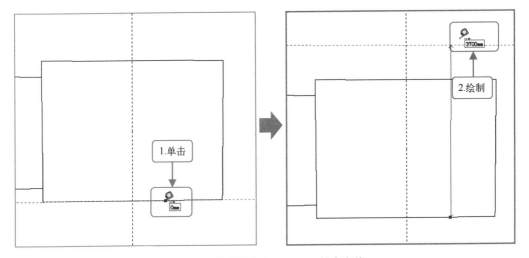

图 9-21   绘制距离为 3700 mm 的参考线

第 04 步：按〈L〉键启用"直线"工具，在边线上单击作为起点，然后在参考线的交点单击，绘制山墙面斜边，如图 9-22 所示。

第 05 步：继续用直线工具绘制山墙面的另一斜边，形成闭合的三角面，然后按〈P〉键启用"推/拉"工具，移到三角面上，如图 9-23 所示。

第 06 步：推拉出山墙厚度，并使其与墙体厚度一致，然后以同样的方法制作其他墙体上的三角山墙，如图 9-24 所示。

2. 制作四角山墙

第 01 步：打开"素材文件/第 9 章/家装 5. skp"文件，单击"编辑"菜单，选择"删除参考线"命令，删除原有的参考线，如图 9-25 所示。

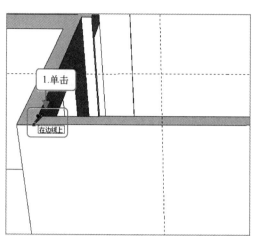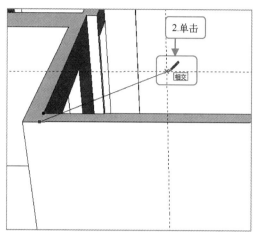

图 9-22 绘制山墙面斜边

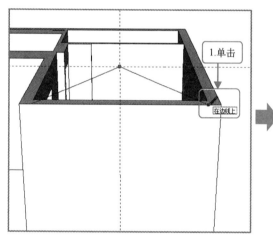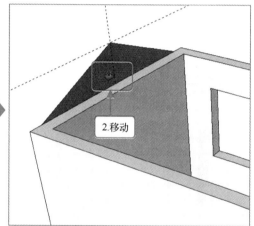

图 9-23 绘制封闭三角面

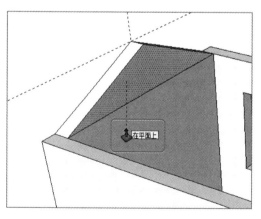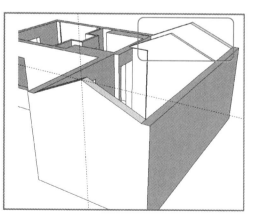

图 9-24 制作三角山墙

第 02 步：按〈T〉键启用"卷尺"工具，以墙体左侧边线为起始位置向右绘制距离为
1400 mm 的参考线，如图 9-26 所示。

图 9-25　删除原有的参考线

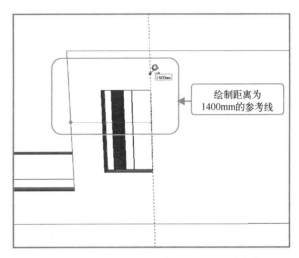

图 9-26　向右绘制距离为 1400 mm 的参考线

第 03 步：以墙体底部边线为起始位置向上绘制距离为 3600 mm 的参考线，如图 9-27 所示。

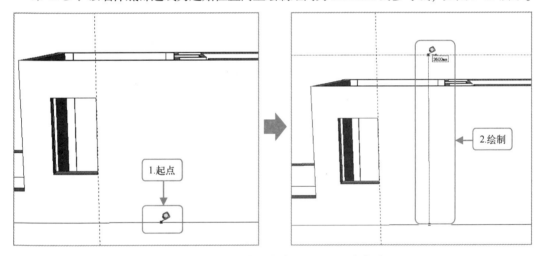

图 9-27　向上绘制距离为 3600 mm 的参考线

第 04 步：以墙体右侧边线为起始位置向左绘制距离为 1200 mm 的参考线，如图 9-28 所示。

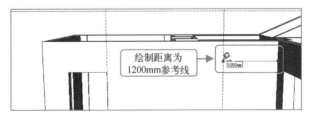

图 9-28　向左绘制距离为 1200 mm 参考线

第 05 步：按〈L〉键启用"直线"工具，从墙体左侧端点绘制闭合四角平面，如图 9-29 所示。

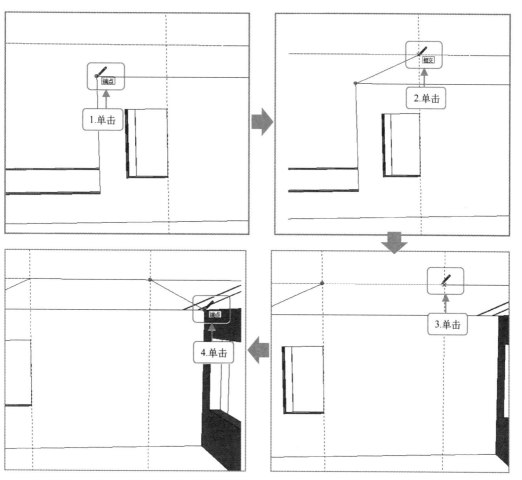

图 9-29　使用直线工具绘制闭合四角平面

第 06 步：按〈P〉键启用"推/拉"工具，移到四角平面上，在平面上推拉，推拉出山墙的厚度与墙体厚度保持一致，如图 9-30 所示。

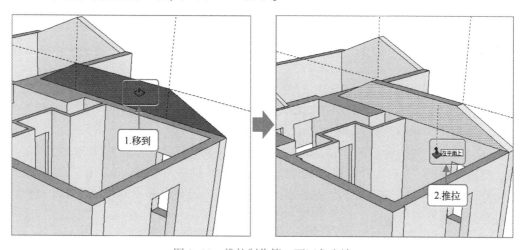

图 9-30　推拉制作第一面四角山墙

第 07 步：以同样的方法制作另一面四角山墙并删除多余的线条，如图 9-31 所示。

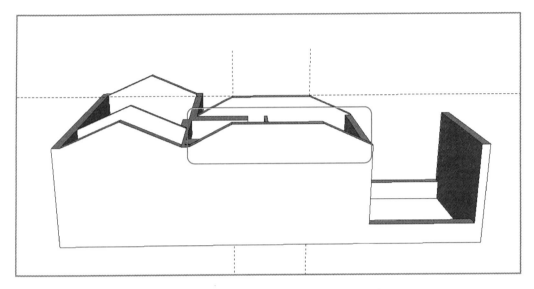

图 9-31　制作另一面四角山墙并删除多余线条

9.3　制作楼梯

楼梯制作分两部分：一是踏步，二是扶手。主要用到 3 种工具：矩形工具、卷尺工具和推拉工具。下面分别进行操作讲解。

9.3.1　制作踏步

楼梯踏步可细化为两部分：一是普通踏步（矩形踏板），二是转角踏步（三角形踏板）。具体操作方法如下。

1. 制作普通踏步

第 01 步：打开"素材文件/第 9 章/家装 6. skp"文件，选择整个房屋架构，并在其上单击鼠标右键，在弹出的快捷菜单中选择"创建组件"命令，在打开的"创建组件"对话框中单击"创建"命令，如图 9-32 所示。

第 02 步：按〈T〉键启用"卷尺"工具，在楼梯间的墙体上绘制距离为 1250 mm 的参考线，然后按〈R〉键启用"矩形"工具绘制矩形，如图 9-33 所示。

第 03 步：选择整个房屋架构，并在其上单击鼠标右键，在弹出的快捷菜单中选择"隐藏"命令，将房屋架构隐藏，如图 9-34 所示。

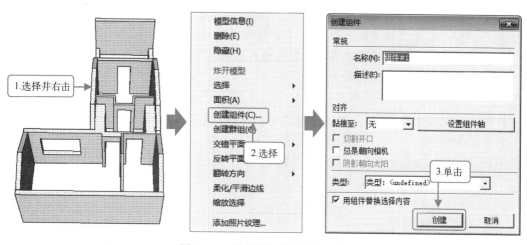

图 9-32　将房屋架构创建成组件

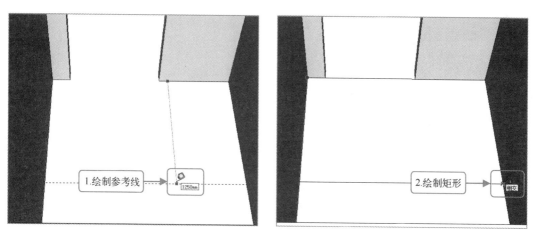

图 9-33　绘制参考线和矩形

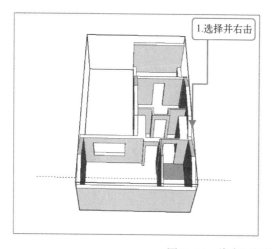

图 9-34　将房屋架构隐藏

读者在使用 SketchUp 制作本案例时，可以不用将房屋架构隐藏，笔者隐藏房屋架构的目的是为了更好地将楼梯的制作流程和效果向读者展示。

第 04 步：在绘制的矩形上单击鼠标右键，在弹出的快捷菜单中选择"反转平面"命令，如图 9-35 所示。

第 05 步：按〈P〉键启用"推/拉"工具，向下推出 80 mm 厚度，如图 9-36 所示。

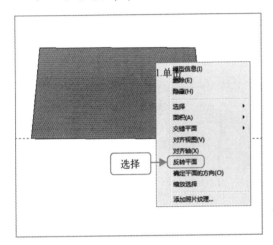

图 9-35 反转平面   图 9-36 向下推出 80 mm 厚度

第 06 步：在"大工具集"面板中单击"选择"图标按钮，在踏步矩形上 3 击选择整个模块，并在其上单击鼠标右键，在弹出的快捷菜单中选择"创建群组"命令，如图 9-37 所示。

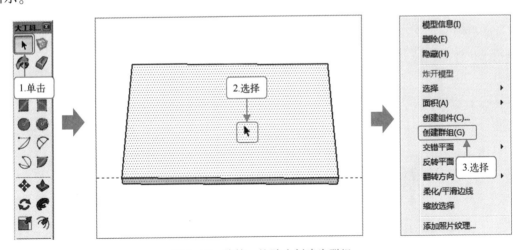

图 9-37 将第一块踏步创建为群组

第 07 步：按〈R〉键启用"矩形"工具，绘制 800 mm×250 mm 矩形，如图 9-38 所示。

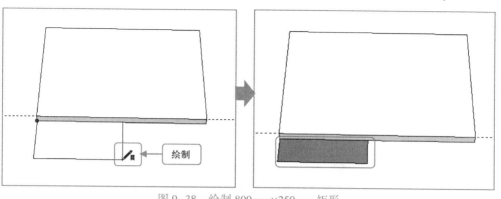

图 9-38　绘制 800 mm×250 mm 矩形

第 08 步：在绘制的矩形上单击鼠标右键，在弹出的快捷菜单中选择"反转平面"命令，如图 9-39 所示。

第 09 步：使用"推/拉"工具，向下推出 150 mm 厚度，如图 9-40 所示。

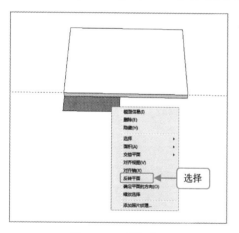

图 9-39　反转平面

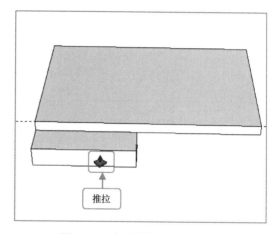

图 9-40　向下推拉 150 mm 厚度

第 10 步：在"大工具集"面板中单击"选择"图标按钮，在踏步矩形上 3 击选择整个模块，并在其上单击鼠标右键，在弹出的快捷菜单中选择"创建群组"命令，如图 9-41 所示。

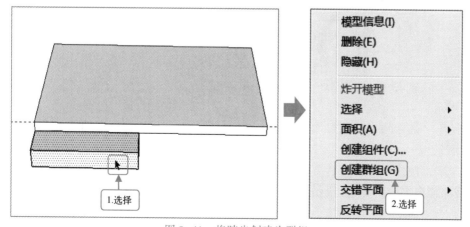

图 9-41　将踏步创建为群组

第 11 步：调整到合适的视图角度和显示比例，选择刚制作的踏步，按〈M〉键，按住〈Ctrl〉键复制踏步，如图 9-42 所示。

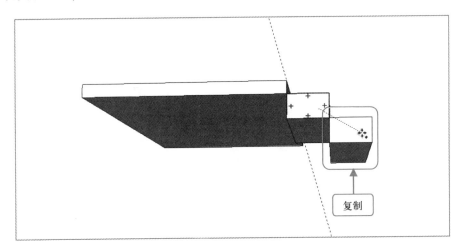

图 9-42 复制踏步

第 12 步：以同样的方法依次复制制作其他踏步，如图 9-43 所示。

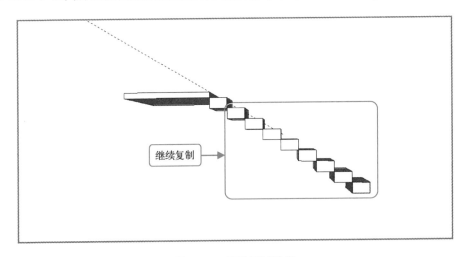

图 9-43 继续复制踏步

第 13 步：在最后一个踏步上双击，进入编辑状态，使用"推/拉"工具推拉，如图 9-44 所示。

第 14 步：最后的一块踏步由于推拉，在 4 个面多了 4 条线，手动将其删除，效果如图 9-45 所示。

第 15 步：按住〈Shift〉键，将楼梯踏板同时选择，按〈M〉键，按住〈Ctrl〉键，拖动复制楼梯踏步，如图 9-46 所示。

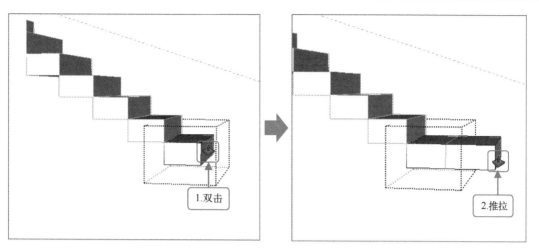

图 9-44 将最后一块踏步推出宽度

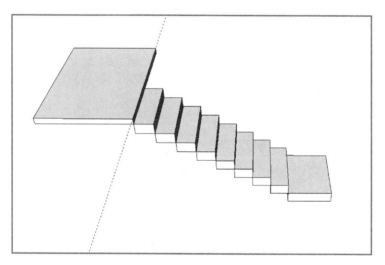

图 9-45 删除多余线条

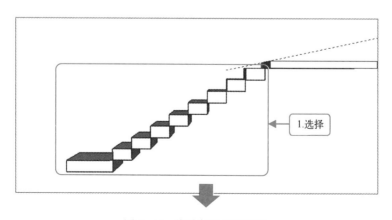

图 9-46 拖动复制楼梯踏步

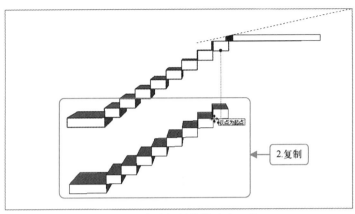

图 9-46　拖动复制楼梯踏步（续）

　　第 16 步：选择复制的楼梯踏步，按〈S〉键启用"外形调整"工具，将鼠标光标移到控制柄上单击，然后输入-1，垂直翻转整个楼梯踏步方向，接着按〈M〉键移动复制后的整个楼梯踏步与上层楼梯踏步对接在一起，如图 9-47 所示。

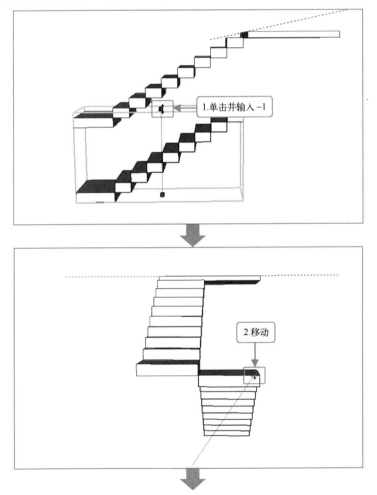

图 9-47　翻转并移动楼梯

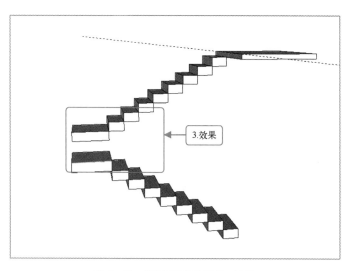

图 9-47　翻转并移动楼梯（续）

2. 制作转角踏步

第 01 步：打开 "素材文件/第 9 章/家装 7.skp" 文件，选择踏步，按〈M〉键，按〈Ctrl〉键同时向下拖动复制，如图 9-48 所示。

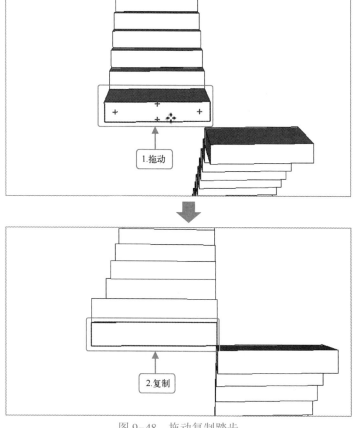

图 9-48　拖动复制踏步

第 02 步：双击进入踏步编辑状态，按〈L〉键启用"直线"工具，沿矩形对角绘制直线分割矩形平面，如图 9-49 所示。

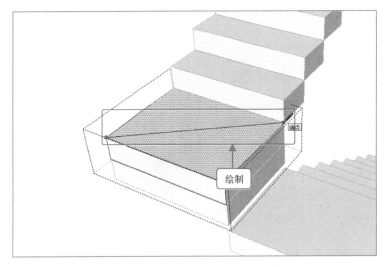

图 9-49　绘制直线分割矩形平面

第 03 步：按〈P〉键启用"推/拉"工具，移到三角面上，向下推拉，如图 9-50 所示。

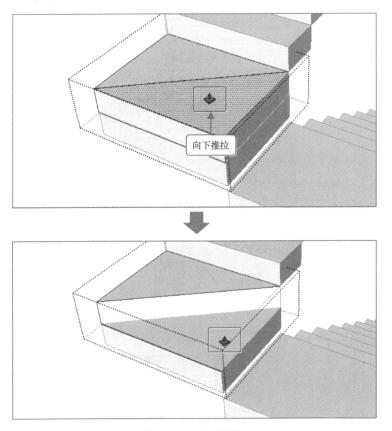

图 9-50　向下推拉

第 04 步：以同样的方法制作其他转角踏步，效果如图 9-51 所示。

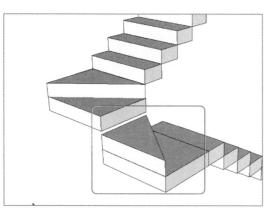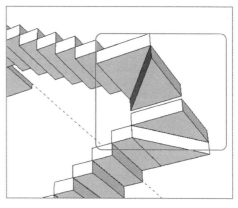

图 9-51 制作其他转角踏步

9.3.2 制作扶手

制作扶梯可简单理解为贴着楼梯制作 3 块挡板，然后沿着楼梯斜角走势进行裁剪，具体操作方法如下。

第 01 步：打开"素材文件/第 9 章/家装 8.skp"文件，按〈R〉键启用"矩形"工具，沿着楼梯上半部分绘制矩形（扶梯面），如图 9-52 所示。

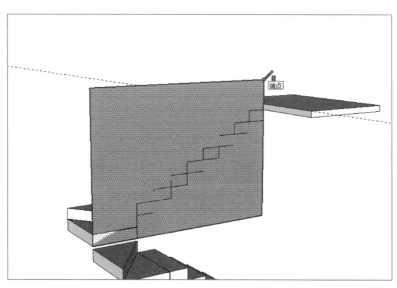

图 9-52 绘制扶手面

第 02 步：启用"推/拉"工具，将扶手面推拉出 90 mm 厚度，然后移到顶面，向上推拉 900 mm，如图 9-53 所示。

第 03 步：使用"直线"工具在楼梯踏步之间绘制一条斜线，用于扶手坡度推拉的参考角度，如图 9-54 所示。

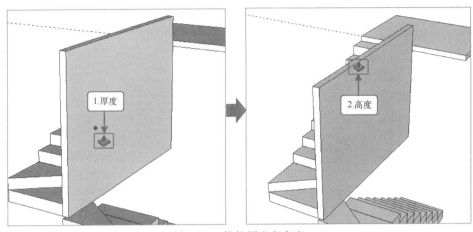

图 9-53　推拉厚度和高度

第 04 步：按〈T〉键启用"卷尺"工具，以刚绘制的斜线为基准绘制距离为 900 mm 参考线，如图 9-55 所示。

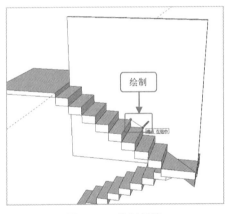

图 9-54　绘制斜线

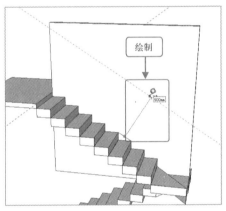

图 9-55　绘制参考线

第 05 步：按〈L〉键启用"直线"工具，沿着参考线绘制一条直线，将扶手面分割为两部分，然后使用"推/拉"工具推挤掉扶手面的上部分，然后手动删除刚绘制的直线，如图 9-56 所示。

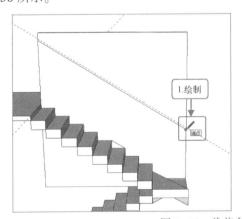

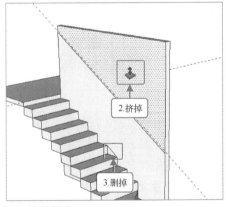

图 9-56　裁剪多出的扶手部分

第 06 步：以同样的方法制作出剩余的扶手部分，效果如图 9-57 所示。

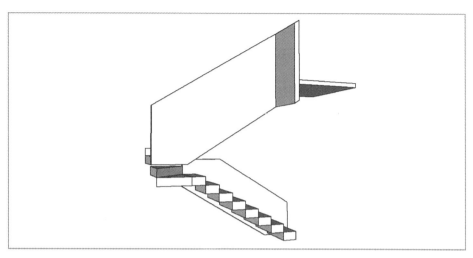

图 9-57　以同样的方法制作出剩余的扶手部分

9.4　添加材质

经过前面的操作房屋的整体架构和楼梯模型基本完成，下面为房屋模型添加材质。其中主要涉及的知识点：材质的选择与赋予、颜色的调整和区域的分割，具体操作如下。

第 01 步：打开"素材文件/第 9 章/家装 9.skp"文件，单击"编辑"菜单，选择"取消隐藏"→"全部"命令，将墙体显示，如图 9-58 所示。

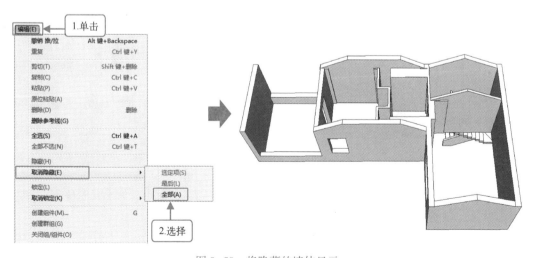

图 9-58　将隐藏的墙体显示

第 02 步：按〈R〉键启用"矩形"工具，绘制矩形作为房屋地面，在其上单击鼠标右键，在弹出的快捷菜单中选择"反转平面"命令，如图 9-59 所示。

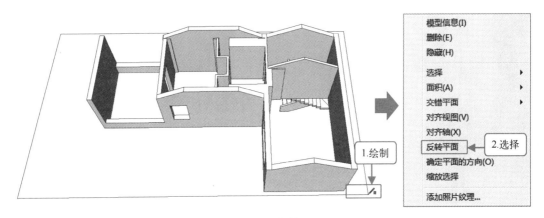

图 9-59　绘制地面

第 03 步：双击墙体模型进入编辑状态，然后选择墙体，在"材料"对话框的"选择"选项卡中单击"材料"下拉选项按钮，选择"砖、覆层和壁板"材质类选项，如图 9-60 所示。

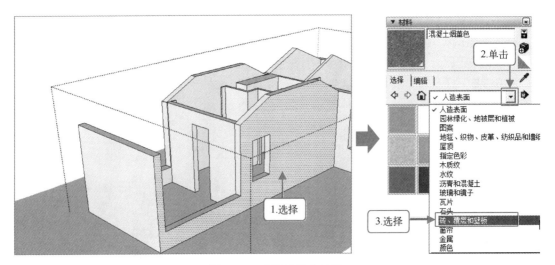

图 9-60　选择墙体和材质

第 04 步：选择"翻滚处理砖块"材质选项，将鼠标光标移到选择区域中单击，赋予墙体砖头材质，如图 9-61 所示。

第 05 步：按〈R〉键启用"矩形"工具，在主卧中绘制矩形，在"材料"对话框中选择"深色木地板"材质，如图 9-62 所示。

第 06 步：单击"编辑"选项卡，调整材质颜色（滑块向下拖移），然后赋予绘制的矩形材质，如图 9-63 所示。

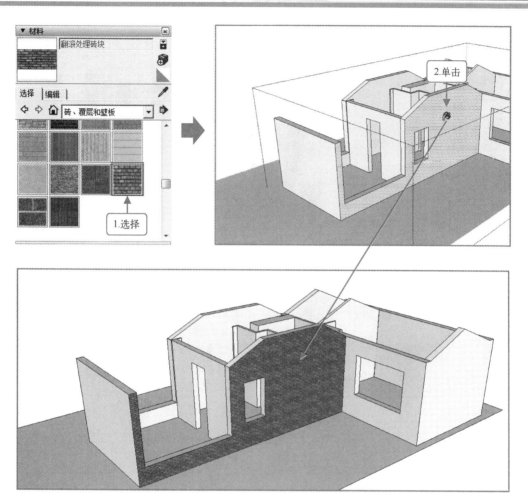

图 9-61 选择并赋予材质

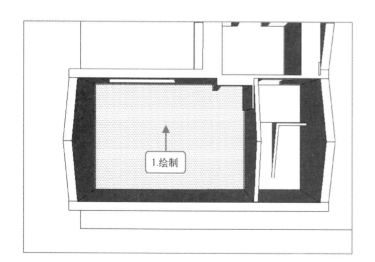

图 9-62 在主卧中绘制矩形并选择木地板材质

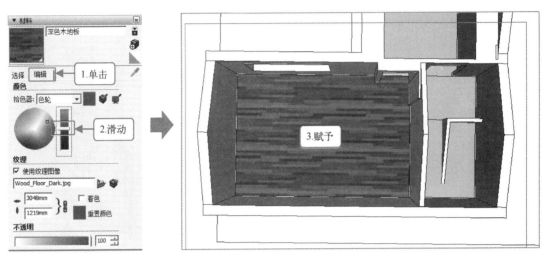

图 9-63　调整材质颜色并赋予

第 07 步：再次双击墙体模型进入编辑状态，选择墙线，如图 9-64 所示。

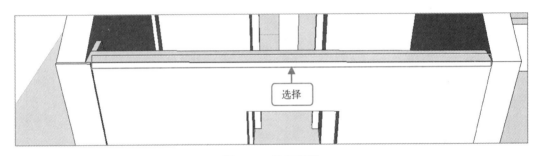

图 9-64　选择墙线

第 08 步：按〈M〉键启用"移动"工具，按住〈Ctrl〉键同时拖动鼠标，移动复制墙线，将墙体分割为两部分，如图 9-65 所示。

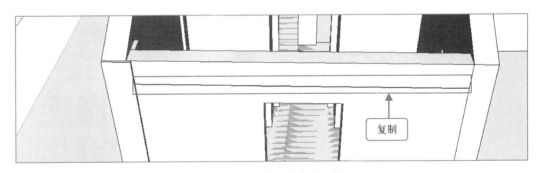

图 9-65　复制墙线分割墙体

第 09 步：选择"混凝土烟熏色"材质，并赋予分割出的区域中，如图 9-66 所示。

第 10 步：以同样的方法为其他模型赋予材质，如图 9-67 所示。

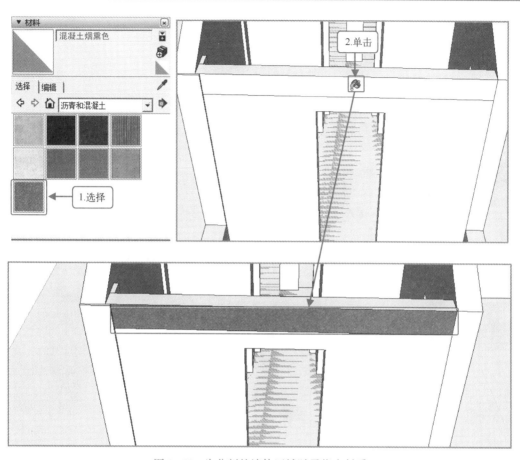

图 9-66 为分割的墙体区域赋予指定材质

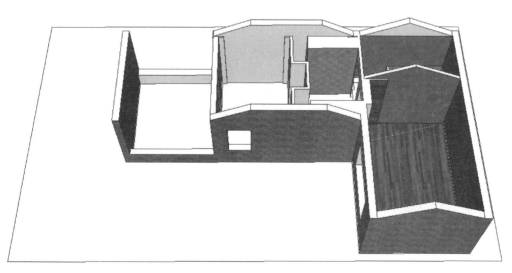

图 9-67 为其他模型赋予材质

9.5 制作玻璃阳台

玻璃阳台由玻璃地面，玻璃顶棚和玻璃窗户组成。在制作过程中分为两部分：一是制作玻璃地面，二是制作玻璃窗户和顶棚。

9.5.1 制作玻璃地面

玻璃地面其实就是一个放在地面上的玻璃窗户，具体操作方法如下。

第 01 步：打开"素材文件/第 9 章/家装 10. skp"文件，按〈R〉键启用"矩形"工具，在阳台地面绘制矩形，然后按〈F〉键启用"偏移"工具，向内偏移，如图 9-68 所示。

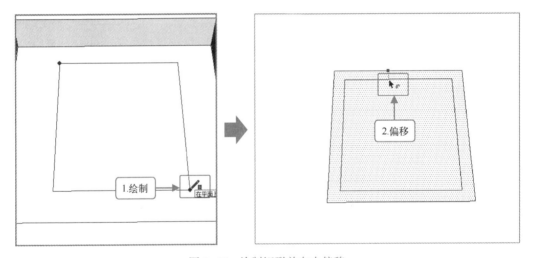

图 9-68　绘制矩形并向内偏移

第 02 步：按〈L〉键启用"直线"工具，在中间位置绘制 4 条直线（横向两条、竖向两条），构成窗框，如图 9-69 所示。

第 03 步：按住〈Shift〉键，选择 4 条直线的交汇线，按〈Delete〉键删除，制作成窗框，如图 9-70 所示。

第 04 步：按住〈Shift〉键选择内窗框和外窗框，在"材料"对话框中选择"带毛面钢板的金属"材质选项，如图 9-71 所示。

第 05 步：将鼠标光标移到选择的内外窗框上赋予材质，如图 9-72 所示。

第 06 步：按住〈Shift〉键，选择 4 个窗户区域，如图 9-73 所示。

第 07 步：在"材料"对话框中选择"半透明的玻璃蓝"材质选项，然后单击"编辑"选项卡，在颜色滑条上向上拖动颜色滑块将颜色调浅，接着调整"不透明"滑块到合适位置，如图 9-74 所示。

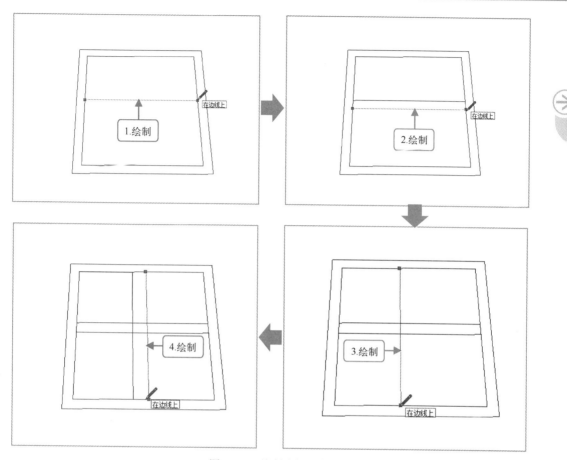

图 9-69　绘制窗框线条

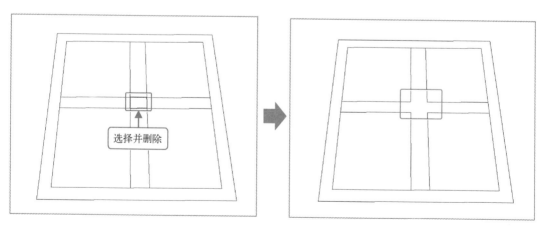

图 9-70　删除交汇线制作成窗框面

　　第 08 步：按〈P〉键启用"推/拉"工具，将鼠标光标移到窗户外框面上，向上推拉 50 mm。然后移到窗户内框面上双击，自动向上推拉 50 mm，如图 9-75 所示。

　　第 09 步：选择整个窗户，按〈Ctrl+G〉组合键，打开"创建组件"对话框，单击"创建"按钮，将整个窗户组合为一个整体，如图 9-76 所示。

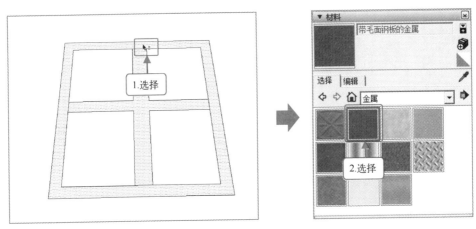

图 9-71　选择内窗和外窗框的金属材质

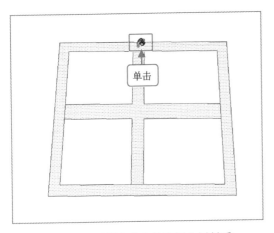

图 9-72　赋予窗户内外窗框金属材质

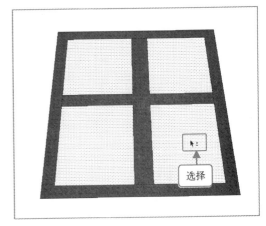

图 9-73　选择 4 个窗户区域

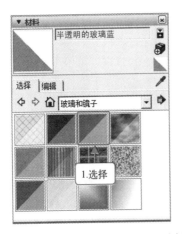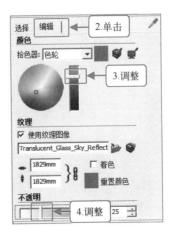

图 9-74　选择材质并调整颜色和透明度

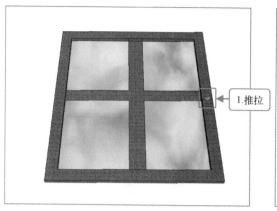
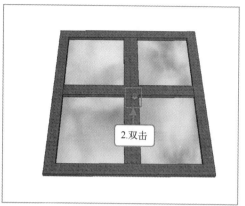

图 9-75 推拉制作窗户内框和外框

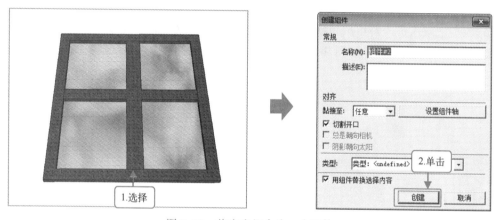

图 9-76 · 将窗户组合为一个整体

制作玻璃窗户和顶棚

第 01 步：打开"素材文件/第 9 章/家装 11.skp"文件，按〈R〉键启用"矩形"工具，在阳台窗框上绘制矩形，作为窗户玻璃面，如图 9-77 所示。

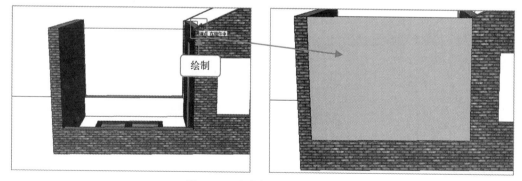

图 9-77 在窗框上绘制玻璃面

第 02 步：在窗框底部绘制矩形，然后选择整个面和线条，在其上单击鼠标右键，在弹出的快捷菜单中选择"创建群组"命令，如图 9-78 所示。

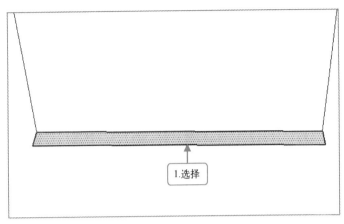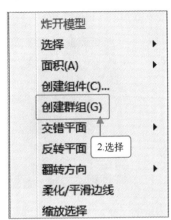

图 9-78　绘制矩形并创建群组

第 03 步：双击进入群组编辑状态，将窗框底面推拉 50 mm 高度制作横框，然后单击群组外任一点退出编辑状态，如图 9-79 所示。

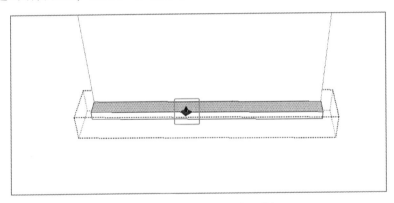

图 9-79　推拉出第一条窗户横框

第 04 步：选择横框，按〈M〉键，按住〈Ctrl〉键移动复制横框到窗户顶部，然后输入/2，快速制作出 2 条横框，如图 9-80 所示。

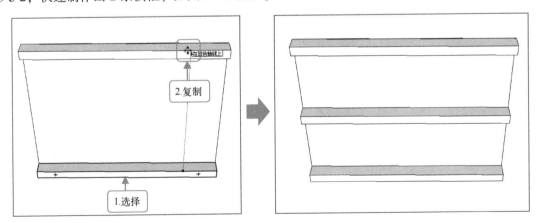

图 9-80　制作窗户其他横框

第 05 步：使用"矩形"工具绘制 229 mm×94 mm 的矩形并创建群组，然后进入其编辑状态，使用"推/拉"工具制作左侧窗框，如图 9-81 所示。

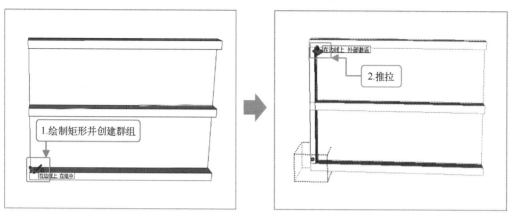

图 9-81　制作第一条窗户竖框

第 06 步：选择竖框，按〈M〉键，按住〈Ctrl〉键移动复制竖框到窗户右侧，然后输入/3，快速制作出 3 条竖框，如图 9-82 所示。

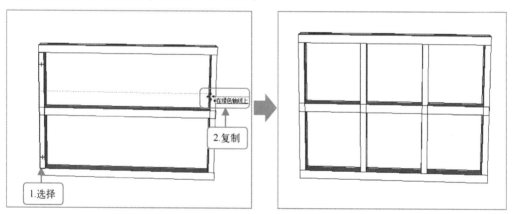

图 9-82　制作另外 3 条窗户竖框

第 07 步：选择所有的窗框，在"材料"对话框中选择"带毛面钢板的金属"材质选项，如图 9-83 所示。

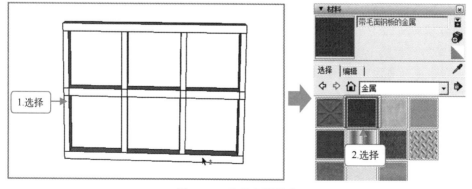

图 9-83　选择窗框材质

第 08 步：将鼠标光标移到窗框上单击，为所有窗框赋予金属材质，如图 9-84 所示。

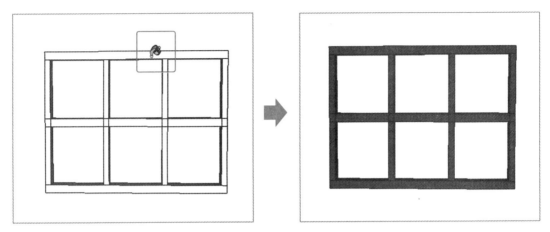

图 9-84　赋予窗框材质

第 09 步：选择窗户玻璃矩形面，在"材料"对话框中选择"可于天空反射的半透明玻璃"材质，然后将鼠标光标移到窗户玻璃矩形面上单击赋予材质，如图 9-85 所示。

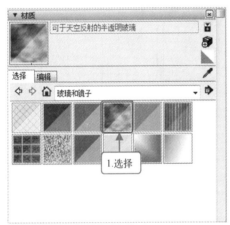
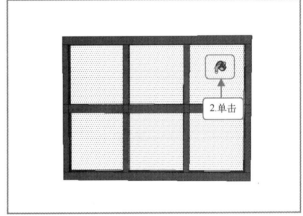

图 9-85　赋予玻璃材质

第 10 步：选择窗户玻璃区域和窗框，在其上单击鼠标右键，在弹出的快捷菜单中选择"创建群组"命令，如图 9-86 所示。

第 11 步：选择整个窗户，按〈M〉键，按住〈Ctrl〉键的同时拖动窗户到对面窗框中，并在其上单击鼠标右键，选择"翻转方向"→"组的红轴"命令，翻转窗户里外方向，如图 9-87 所示。

第 12 步：选择整个窗户，按〈M〉键，按〈↑〉键，按住〈Ctrl〉键的同时向上拖动复制整个窗户，作为顶棚，如图 9-88 所示。

第 13 步：切换视图到窗户侧面，按〈Q〉键启用"旋转"工具，在窗户顶部单击确定旋转定点，如图 9-89 所示。

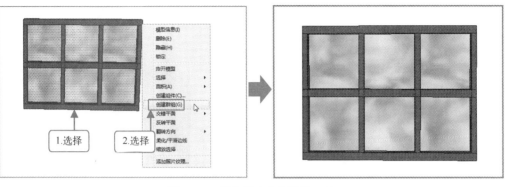

图 9-86　组合窗户和窗框为一体

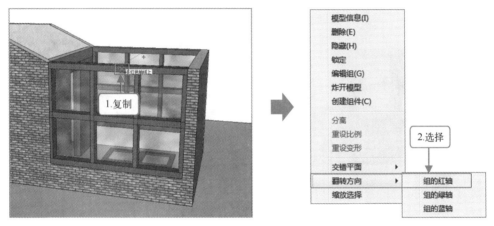

图 9-87　复制窗户并按红轴翻转方向

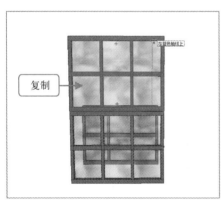

图 9-88　向上复制窗户

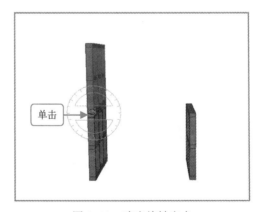

图 9-89　确定旋转定点

第 14 步：将鼠标光标移到第二个旋转点上，按住鼠标左键不放，然后向右旋转到 90°，如图 9-90 所示。

第 15 步：按〈S〉键启用"外形调整"工具，将鼠标光标移到宽度调整控制柄上向右拖动，使其刚好盖在右侧的窗户上，如图 9-91 所示。

第 16 步：将鼠标光标移到左侧的宽度控制柄上向左拖动调整宽度，使其刚好盖在左侧窗户上，如图 9-92 所示。

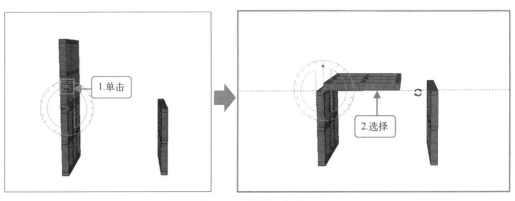

图 9-90 旋转窗户方向

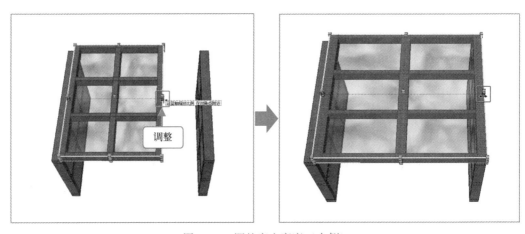

图 9-91 调整窗户宽度 (右侧)

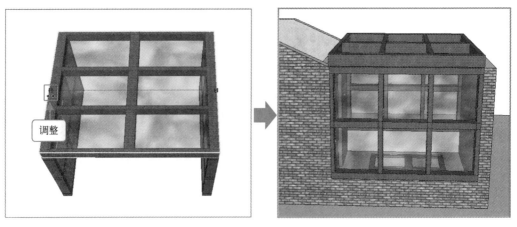

图 9-92 调整窗户宽度 (左侧)

9.6 添加电器及家具

在房屋内添加电器及家具关键在于相关模型的下载和导入，然后放置到合适的位置。下面详细进行演示操作。

9.6.1　下载模型

第 01 步：打开搜索引擎，输入 3dwarehouse 进行搜索，在搜索结果中单击"3D Ware-house | 3D 模型库 | SketchUp"超链接，如图 9-93 所示。

图 9-93　搜索模型库

第 02 步：在打开的网页中单击"搜索"按钮，在打开网页中输入模型名称，如"洗衣机"，按〈Enter〉键搜索，如图 9-94 所示。

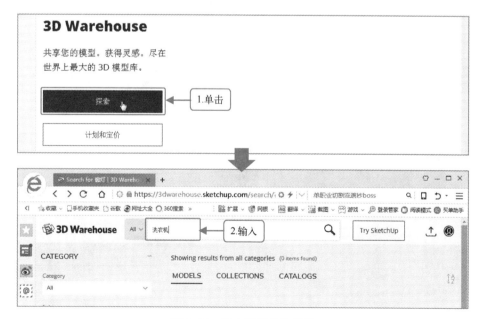

图 9-94　输入模型名称搜索

第 03 步：选择要下载的模型，如图 9-95 所示。

图 9-95　选择模型

第 04 步：在模型预览页面单击"Download"按钮，在弹出的下拉选项中选择软件版本，如图 9-96 所示。

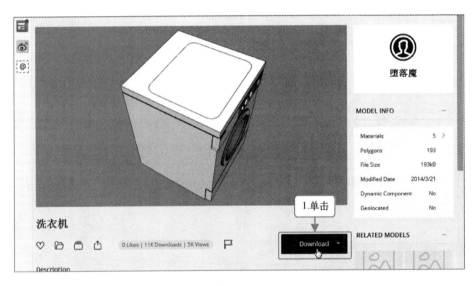

图 9-96　下载模型并选择版本

第 05 步：在打开的"浏览文件夹"对话框中选择保存位置，单击"确定"按钮，返回到"新建下载任务"对话框中单击"下载"按钮，如图 9-97 所示。

图 9-97 选择保存位置并下载

9.6.2 导入模型

第 01 步：打开"素材文件/第 9 章/家装 12.skp"文件，单击"文件"菜单，选择"导入"命令，打开"导入"对话框，选择"洗衣机"模型文件，单击"导入"按钮，如图 9-98 所示。

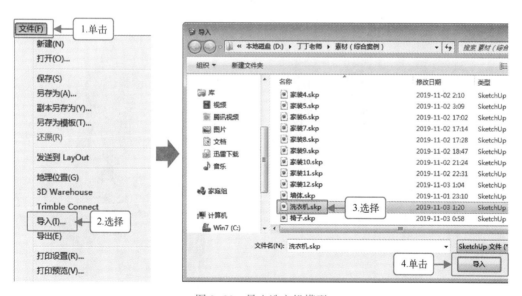

图 9-98 导入洗衣机模型

第 02 步：选择导入的洗衣机模型，按〈Q〉键启用"旋转"功能，将洗衣机旋转到合适角度，如图 9-99 所示。

第 03 步：将洗衣机模型放到合适位置（若有其他模型挡住家具的放入，可先隐藏），如图 9-100 所示。

第 04 步：以同样的方法下载和添加其他家具模型，效果如图 9-101 所示。

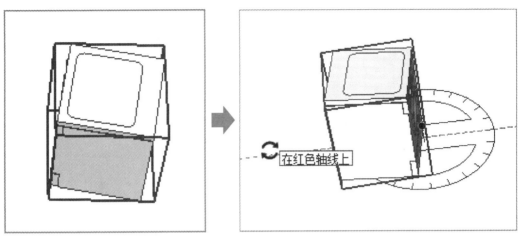

图 9-99　旋转模型方向

图 9-100　将洗衣机模型放到合适位置

图 9-101　添加其他家具模型

在添加家具的过程中，需制作一些背景装饰，如电视柜背景墙、床背景框架、抽屉垫底等。具体实现方法，可参照前文所述。

9.7 制作屋顶

本例屋顶的制作，使用"直线"工具绘制图形，然后进行推拉就可以轻松搞定，具体操作方法如下。

第 01 步：打开"素材文件/第 9 章/家装 13. skp"文件，使用"直线"工具绘制屋顶截面，使用"推/拉"工具推拉，制作出屋顶，如图 9-102 所示。

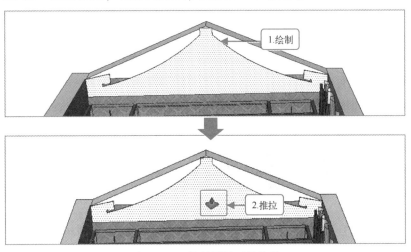

图 9-102 绘制封闭面并推拉

第 02 步：双击进入四角山墙的编辑状态，使用"直线"工具绘制屋顶截面，对屋顶截面进行推拉，制作出屋顶，如图 9-103 所示。

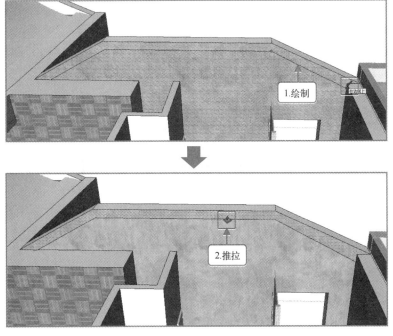

图 9-103 推拉制作屋顶

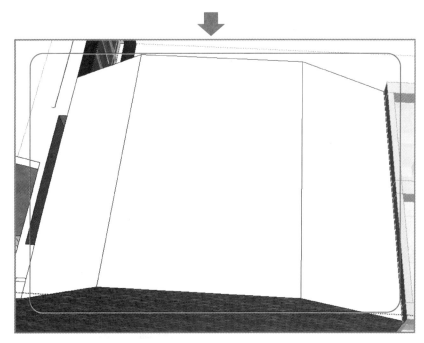

图 9-103　推拉制作屋顶（续）

第 03 步：以同样的方法制作楼梯间屋顶，效果如图 9-104 所示。

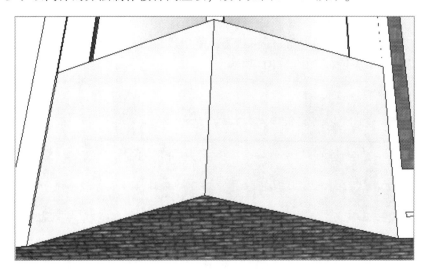

图 9-104　制作楼梯间屋顶

第 10 章 酒店大堂效果图制作

酒店大堂是酒店接待客人的一个空间，也是能否给客人带来良好印象的地方。因此，酒店大堂的设计格外重要。

本章中笔者将带领读者制作酒店大堂效果图，使用 SketchUp 制作漂亮的立体实物模型，增加工装建模的经验和动手能力。

10.1 最初的平面图和最终的效果图

本例中，运用 SketchUp 常用的工具和操作，依据一张平面图制作一个立体酒店大堂效果图。

图 10-1 所示为最初的平面图和最终的效果图。

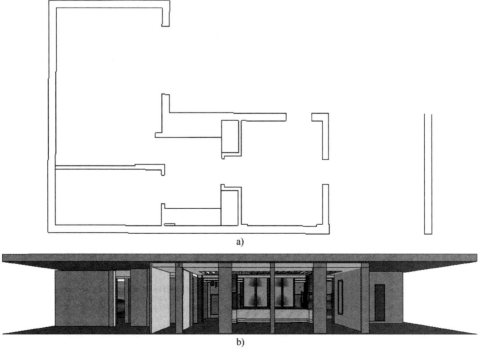

图 10-1 素材和结果

a) 最初的平面图 b) 最终的效果图

10.2　制作酒店大堂空间架构

酒店大堂空间架构的制作，主要分为两大部分：一是推拉出大堂墙体，二是推拉出门洞和墙洞。操作步骤包括：封面、封闭线条、删除多余线条、推拉指定高度等，具体操作方法如下。

第 01 步：打开"素材文件/第 10 章/中式酒店大堂.skp"文件，选择酒店大堂平面图，在"坯子助手"工具面板中单击"快速封面"图标按钮快速封面，如图 10-2 所示。

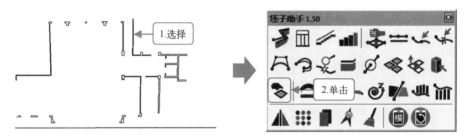

图 10-2　快速封面

第 02 步：切换到顶视图，选择多余线条（按住〈Shift〉键的同时选择多条线条），按〈Delete〉键将其删除，如图 10-3 所示。

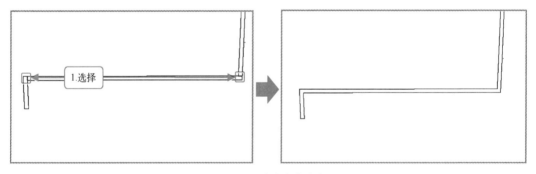

图 10-3　删除多余线条

第 03 步：按〈L〉键启用"直线"工具，将断开的线条连接成封闭的面，如图 10-4所示。

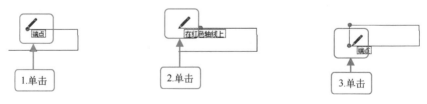

图 10-4　使用"直线"工具将断开线连接封闭

第 04 步：按〈P〉键启用"推/拉"工具，将其移到任一推拉面并向上推拉 4950 mm 高度，如图 10-5 所示。

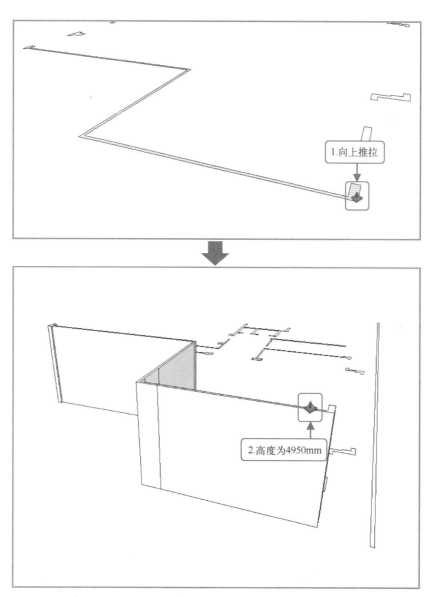

图 10-5 推拉出第一道墙体

第 05 步：接着在其他面上双击，SketchUp 自动推拉出 4950 mm 高度的墙体，如图 10-6 所示。

第 06 步：按〈T〉键启用"卷尺"工具，从墙底向上绘制距离为 420 mm 的参考线，作为窗台高度，如图 10-7 所示。

第 07 步：按〈L〉键启用"直线"工具，在相交位置处单击鼠标作为直线起点，然后在边线上单击，绘制直线分割出窗台截面，如图 10-8 所示。

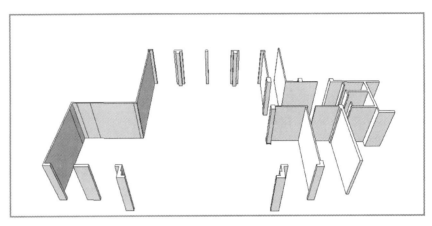

图 10-6　推拉出其他墙体

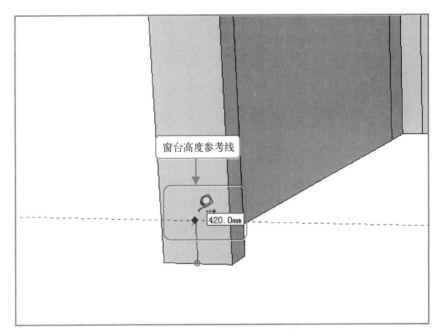

图 10-7　绘制窗台高度参考线

　　第 08 步：按〈P〉键启用"推/拉"工具，将鼠标光标移到分割的窗台截面上，按住鼠标左键不放推拉出窗台，如图 10-9 所示。

　　第 09 步：从墙底向上绘制距离为 2900 mm 的参考线，作为窗户的高度参考线，如图 10-10 所示。

　　第 10 步：按〈L〉键启用"直线"工具，在相交位置处单击作为直线起点，然后在边线上单击，绘制直线分割出窗台截面，然后使用"推/拉"工具推拉出窗框，如图 10-11 所示。

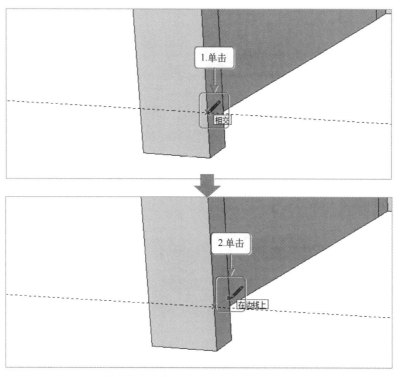

图 10-8　在窗台高度参考线位置绘制直线分割出窗台截面

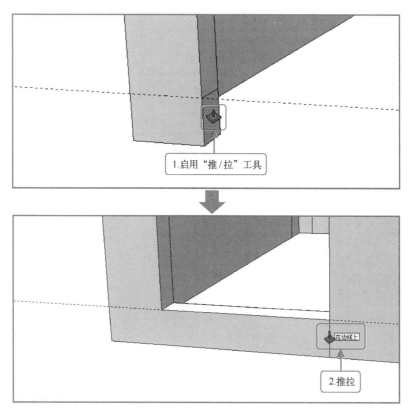

图 10-9　推拉出窗台

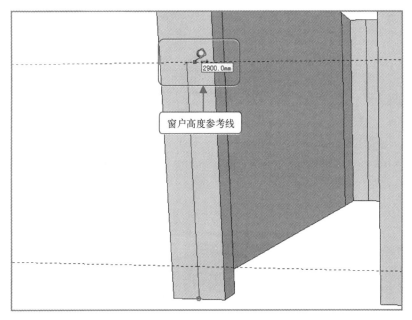

图 10-10　绘制窗户高度参考线

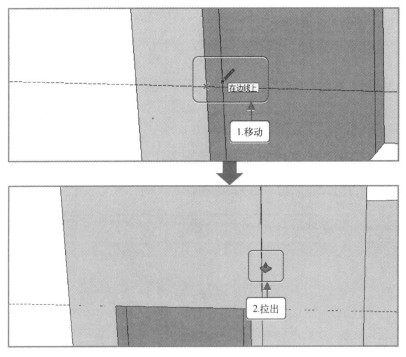

图 10-11　推拉出窗框

第 11 步：以同样的方法制作其他墙洞，效果如图 10-12 所示（参考线已删除）。

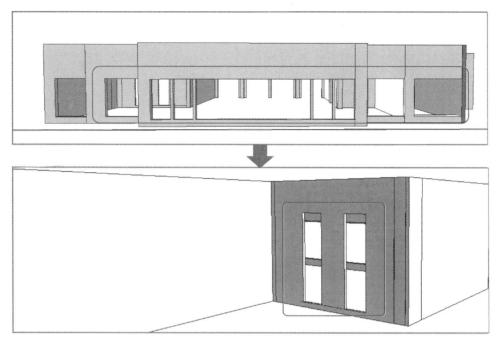

图 10-12　以同样的方法制作其他墙洞

10.3　制作大堂窗框、栅栏和窗柱

大堂墙体和墙洞构建完成后，接下来构建窗框、栅栏和窗柱模型。

10.3.1　制作窗框

本例中窗框分为两种样式：双扇窗户窗框和单扇窗户窗框。两者制作方法基本相同，下面分别进行操作讲解。

1. 双扇窗户窗框

第 01 步：打开"素材文件/第 10 章/中式酒店大堂 1.skp"文件，按〈R〉键启用"矩形"工具，在窗洞中绘制矩形，如图 10-13 所示。

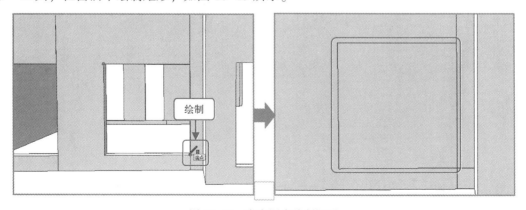

图 10-13　在窗洞中绘制矩形

第 02 步：在绘制的面上单击鼠标右键，在弹出的快捷菜单中选择"创建群组"命令，创建群组，如图 10-14 所示。

第 03 步：双击矩形进入编辑状态，使用"卷尺"工具在矩形中心线上绘制参考线（边线的蓝点上），如图 10-15 所示。

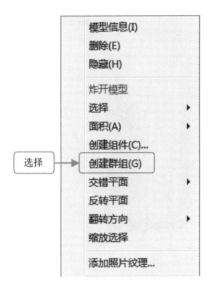

图 10-14　创建群组

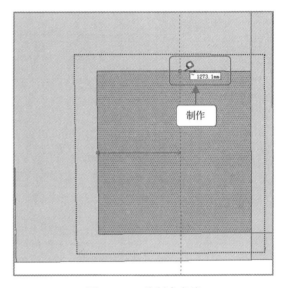

图 10-15　绘制参考线

第 04 步：使用"直线"工具，在中心点绘制直线将窗户面分割成两个区域，如图 10-16 所示。

第 05 步：选择左边窗扇，按〈F〉键启用"偏移"工具，对边框线条进行偏移形成窗框截面，如图 10-17 所示。

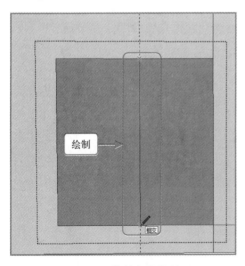

图 10-16　绘制直线分割面

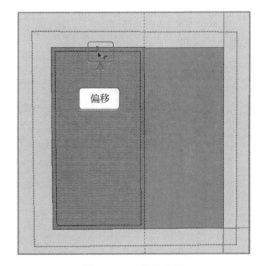

图 10-17　偏移边线

第 06 步：按〈P〉键启用"推/拉"工具，在窗框截面上推拉出 40 mm 厚度，制作出窗框，如图 10-18 所示。

第07步：以同样的方法，制作另半扇窗框，如图10-19所示。

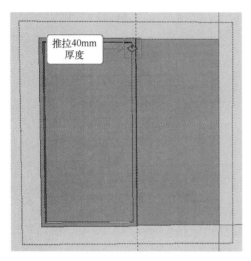

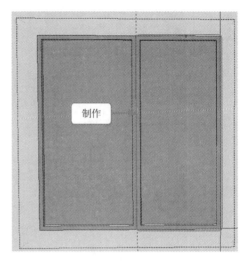

图 10-18　制作窗框　　　　　　　　　　　图 10-19　制作窗框

第08步：退出窗户的编辑状态，按〈M〉键启用"移动"工具，将窗户移到窗框中，使其完全贴合，如图10-20所示。

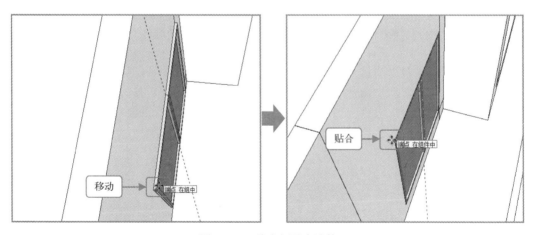

图 10-20　将窗框贴合墙体

第09步：按住〈Ctrl〉键，移动复制窗框到左边窗洞中，如图10-21所示。

第10步：按〈S〉键启用"变形"工具，将鼠标光标移到控制柄上调整宽度，使其与窗洞刚好贴合，如图10-22所示。

第11步：将窗框复制到其他窗洞中并调整宽度，如图10-23所示。

2. 单扇窗户窗框

第01步：打开"素材文件/第10章/中式酒店大堂2.skp"文件，按〈R〉键启用"矩形"工具，沿着窗洞绘制矩形，如图10-24所示。

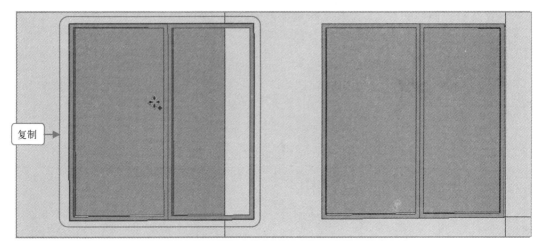

图 10-21　复制窗框

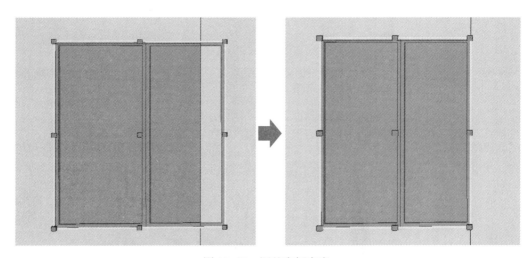

图 10-22　调整窗框宽度

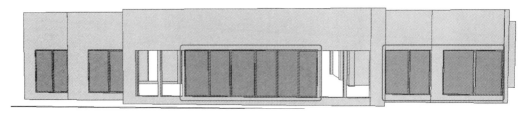

图 10-23　制作出其他窗户

第 02 步：按〈F〉键启用"偏移"工具，向内偏移边线，如图 10-25 所示。

第 03 步：按〈P〉键启用"推/拉"工具，向外推拉 40 mm 厚度，如图 10-26 所示。

第 04 步：3 击选择整个窗框，并在其上单击鼠标右键，在弹出的快捷菜单中选择"创建群组"命令，如图 10-27 所示。

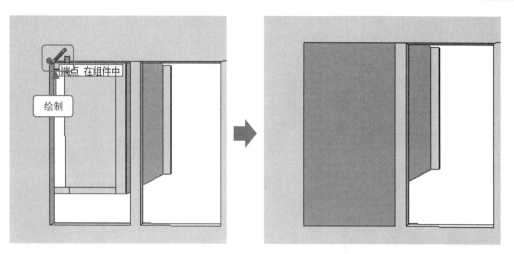

图 10-24　绘制矩形

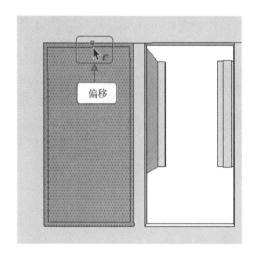

图 10-25　向内偏移边线

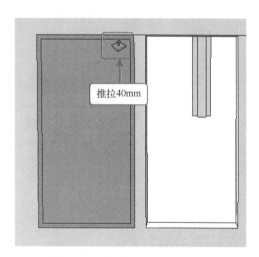

图 10-26　制作 40 mm 厚度窗框

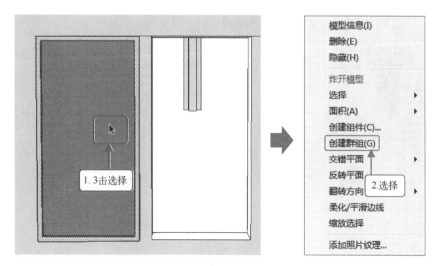

图 10-27　组合窗框为一个整体

第 05 步：按〈M〉键启用"移动"工具，按住〈Ctrl〉键的同时移动复制窗框到旁边的窗洞中，调整窗框尺寸使其贴合到窗洞中，如图 10-28 所示。

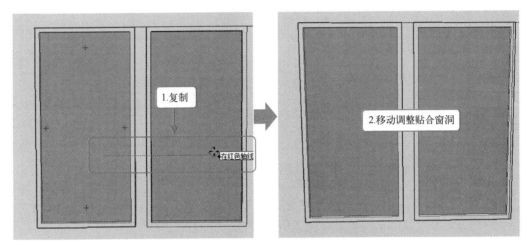

图 10-28　复制窗框并将其贴合到窗洞中

在移动复制窗框时（或其他模型时），若发现墙体上有多余的线条，应将其删除。

第 06 步：复制窗框到其他窗洞中，如图 10-29 所示。

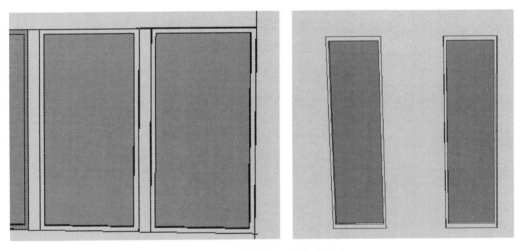

图 10-29　复制窗框到其他窗洞中

10.3.2 制作栅栏

本例中栅栏作为一种装饰，内嵌于墙体中，因此需要将对应的墙体内凹，然后在其中制作指定数量的矩形木棍，具体操作如下。

第 01 步：打开"素材文件/第 10 章/中式酒店大堂 3. skp"文件，双击墙体进入编辑状态，按〈F〉键启用"偏移"工具，选择墙体边线向内偏移，如图 10-30 所示。

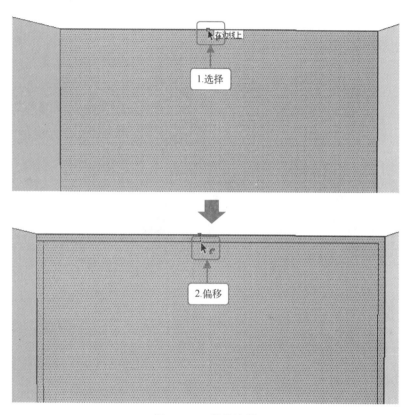

图 10-30 偏移边线

第 02 步：选择偏移的面，按〈P〉键启用"推/拉"工具，按住鼠标左键向外推拉，制作墙体内凹效果，如图 10-31 所示。

第 03 步：按〈R〉键启用"矩形"工具，在内凹棱台上绘制矩形，然后 3 击选择整体，并在其上单击鼠标右键，在弹出的快捷菜单选择"创建群组"命令，将其组合在一起，如图 10-32 所示。

第 04 步：双击矩形进入编辑状态，按〈P〉键启用"推/拉"工具，推拉到墙体顶部，制作第一根木栅栏，如图 10-33 所示。

第 05 步：按〈M〉键启用"移动"工具，按住〈Ctrl〉键的同时拖动木栅栏，复制第二根木栅栏，然后输入"＊30"，SketchUp 自动制作矩阵木栅栏，如图 10-34 所示。

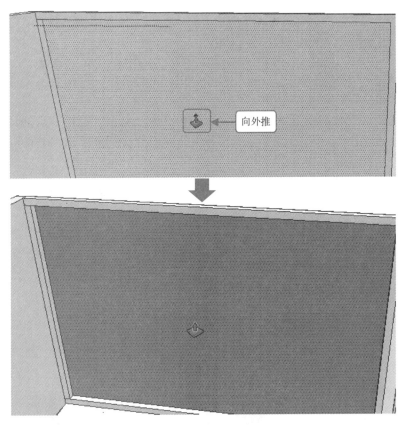

图 10-31　制作墙体内凹效果

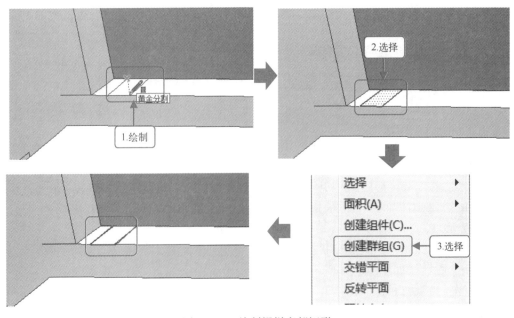

图 10-32　绘制栅栏底部矩形

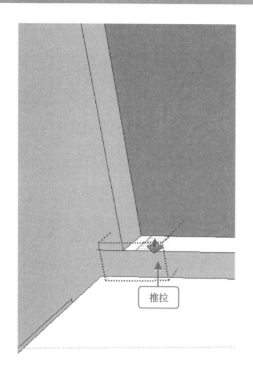
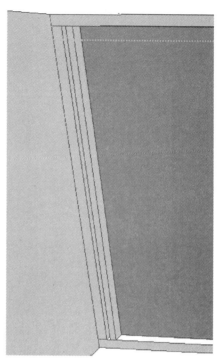

图 10-33 制作出第一根木栅栏

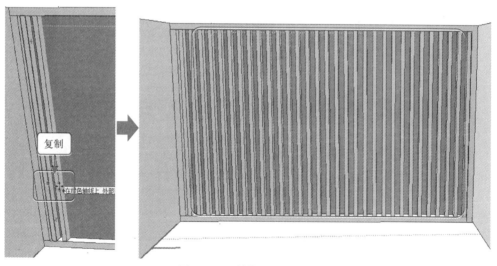

图 10-34 制作所有木栅栏

10.3.3 制作墙柱

　　如果是圆形墙柱或是矩形墙柱，可直接绘制圆形/矩形然后推拉一定高度即可。不过本例中，使用较为有个性的墙柱，因此为读者提供了墙柱的绘制图，读者只需导入，然后推拉一定高度，最后放置到大堂合适位置即可，具体操作如下。

　　第 01 步：打开"素材文件/第 10 章/中式酒店大堂 4. skp"文件，单击"文件"菜单，选择"导入"命令，在打开的"导入"对话框中选择"墙柱底部. skp"文件，单击"导入"按钮，如图 10-35 所示。

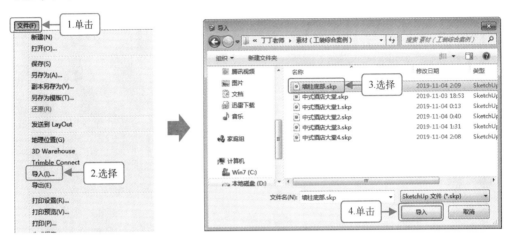

图 10-35　导入外部的墙柱底部图

第 02 步：在合适位置单击鼠标，放置导入的墙柱底部图，双击进入其编辑状态，然后将"推/拉"工具移到面上，如图 10-36 所示。

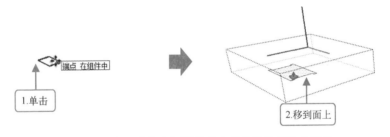

图 10-36　放置墙体底部图并进入其编辑状态准备推拉

 若是觉得本例中的墙柱底部图很简单，读者可以使用"直线"工具自行绘制。

第 03 步：将墙柱推拉到合适的高度，然后，按〈M〉键启用"移动"工具将其移到合适位置（靠墙的墙柱，需对准墙边线并贴合到墙面），如图 10-37 所示。

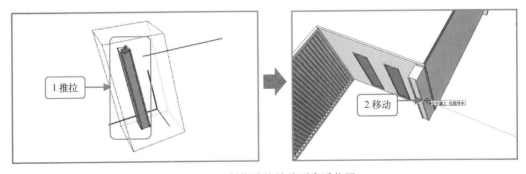

图 10-37　制作墙柱并移到合适位置

第 04 步：复制墙柱并将其分别移到大堂的合适位置，效果如图 10-38 示。

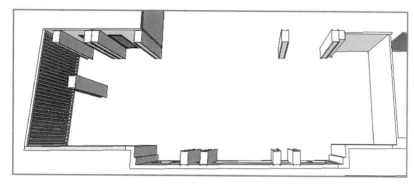

图 10-38 制作大堂的其他墙柱

10.4 赋予基本材质

10.4.1 赋予地板材质

建筑地板也是对象模型之一，需要读者手动创建，然后赋予地板类材质，让整个建筑效果更加符合实际情况，具体操作如下。

第 01 步：打开"素材文件/第 10 章/中式酒店大堂 5.skp"文件，切换到顶视图，按〈R〉键启用"矩形"工具，在墙体底部绘制矩形地板，如图 10-39 所示。

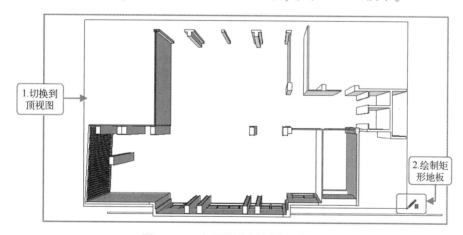

图 10-39 在顶视图中绘制矩形地板

第 02 步：按〈S〉键启用"变形"工具，将鼠标光标移到控制柄上分别调整长度和宽度，使地板尺寸与整个建筑墙体长宽相当（需要多次调整），如图 10-40 所示。

第 03 步：切换视图，按〈M〉键启用"移动"工具，将地板向上移动使其贴合到建筑模型底部，如图 10-41 所示。

第 04 步：在"材料"对话框中选择"木地板"材质，然后将鼠标光标移到地板矩形面上单击，赋予木地板材质，如图 10-42 所示。

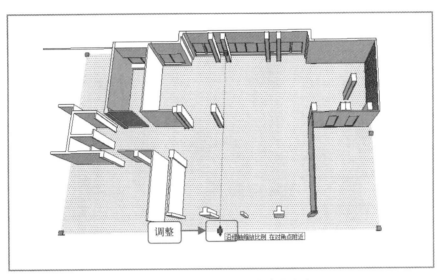

图 10-40　调整矩形地板长度和宽度

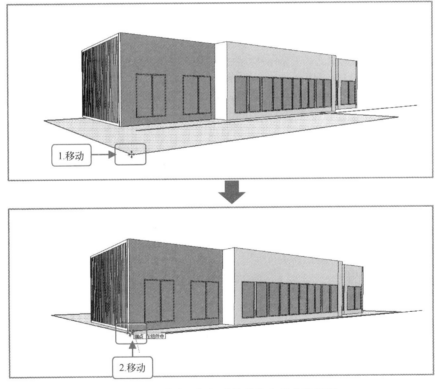

图 10-41　移动地板矩形使其贴合到建筑底部

第 05 步：在"材料"对话框中单击"编辑"选项卡，调整颜色（稍微加深），设置"纹理"长宽分别为 1800 mm，如图 10-43 所示。

第 06 步：3 击地板矩形区域选择整体，并在其上单击鼠标右键，在弹出的快捷菜单中选择"创建群组"命令，将地板组合成整体，如图 10-44 所示。

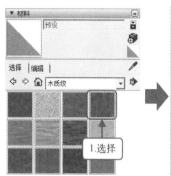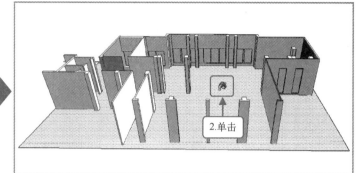

图 10-42　选择材质并赋予

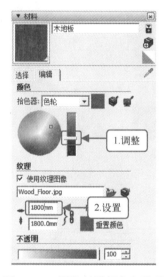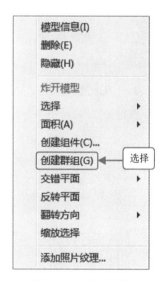

图 10-43　调整材质颜色和纹理　　　　　图 10-44　创建群组

第 07 步：创建并赋予"木地板"材质的酒店大堂地板效果如图 10-45 所示。

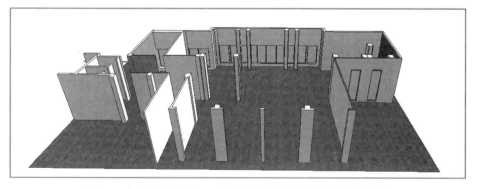

图 10-45　创建并赋予"木地板"材质的酒店大堂地板效果

10. 4. 2　赋予酒店大堂侧门和栅栏材质

本例中酒店大堂的侧门和栅栏都是相同木地板材质（颜色深度和纹理完全相同），因此可以采用相同的步骤实现材质赋予，具体操作如下。

第 01 步：打开"素材文件/第 10 章/中式酒店大堂 6. skp"文件，在"材料"对话框中
选择"颜色适中的柱木的竹节"材质，然后将鼠标光标移到侧门区域上依次单击赋予材质，
如图 10-46 所示。

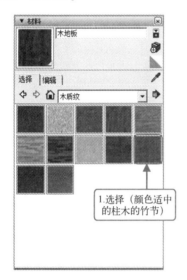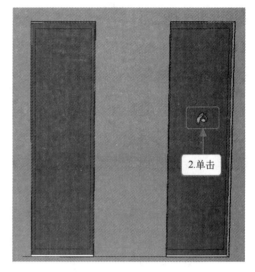

图 10-46　选择材质并赋予

第 02 步：双击栅栏进入编辑状态，同样选择并赋予"颜色适中的柱木的竹节"材质，
如图 10-47 所示。

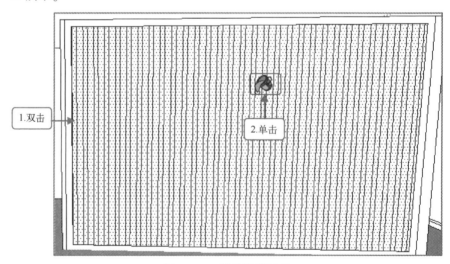

图 10-47　赋予栅栏材质

以同样的方法为栅栏赋予竹节材质时，过程中需要切换视图
角度，并将遮挡的墙柱先隐藏，赋予材质后再显示，如图 10-48
所示。

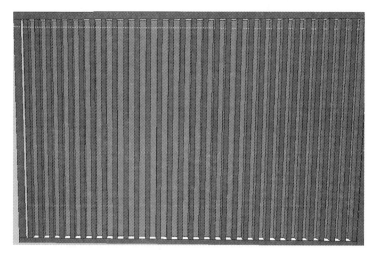

图 10-48　赋予栅栏竹节材质

10.4.3　赋予窗户半透明玻璃材质

　　窗户材质赋予分为两部分：一是窗框，二是玻璃。窗框用金属材质，玻璃用半透明的玻璃材质，具体操作如下。

　　第 01 步：打开"素材文件/第 10 章/中式酒店大堂 7.skp"文件，双击任一窗户进入编辑状态，在"材料"对话框中选择"半透明的玻璃蓝"材质，然后将鼠标光标移到玻璃面上单击赋予材质，如图 10-49 所示。

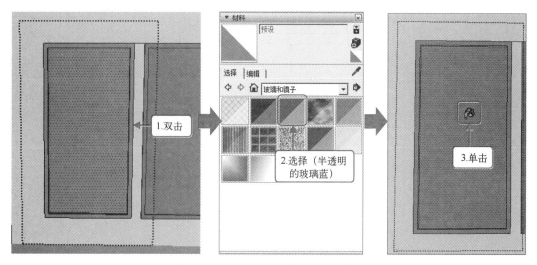

图 10-49　赋予"半透明玻璃蓝"材质

　　第 02 步：在"材料"对话框中选择"带毛钢板的金属"材质，然后将鼠标光标移到窗框上单击鼠标赋予材质，如图 10-50 所示。

　　第 03 步：放大视图显示比例，将鼠标光标移到窗框内面，按住〈Ctrl〉键的同时单击，一次性向窗框内面赋予材质，如图 10-51 所示。

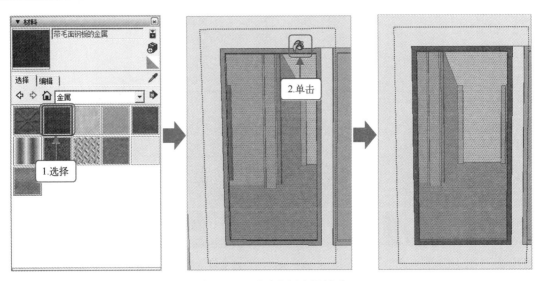

图 10-50　赋予窗框金属材质

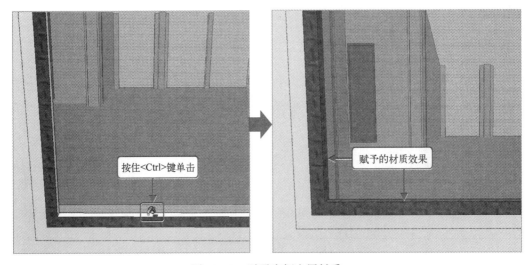

图 10-51　赋予窗框金属材质

第 04 步：以同样的方法赋予其他窗户的窗框和玻璃材质，效果如图 10-52 所示。

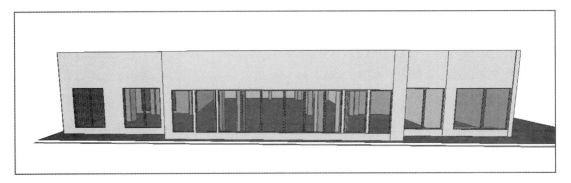

图 10-52　赋予窗户材质效果

10.4.4 赋予墙体和墙柱混凝土材质

在本例中墙体和墙柱的材质相同，可一次性赋予，操作方法如下。

第01步：打开"素材文件/第10章/中式酒店大堂8.skp"文件，按住〈Shift〉键选择墙体和墙柱（依次单击），如图10-53所示。

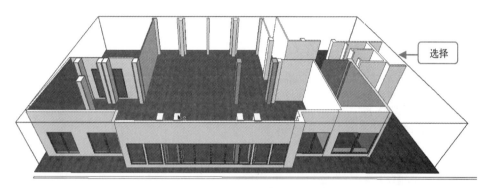

图 10-53 选择墙体和墙柱

第02步：在"材料"对话框中选择"新抛光混凝土"材质，随后将鼠标光标移到任一选择的对象上单击，一次性赋予墙体和墙柱混凝土材质，如图10-54所示。

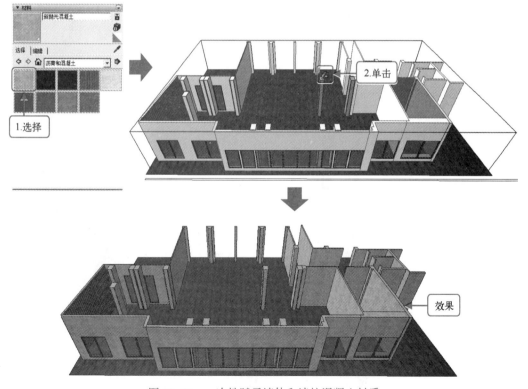

图 10-54 一次性赋予墙体和墙柱混凝土材质

10.4.5 吸附材质再次为墙柱赋予

为了让酒店大堂的部分墙柱与门和栅栏的材质保持一直，可以重新为其赋予门或栅栏已有的材质，操作方法如下。

第01步：打开"素材文件/第10章/中式酒店大堂9.skp"文件，按住〈Shift〉键选择部分墙柱（依次单击酒店大堂内的墙柱），如图10-55所示。

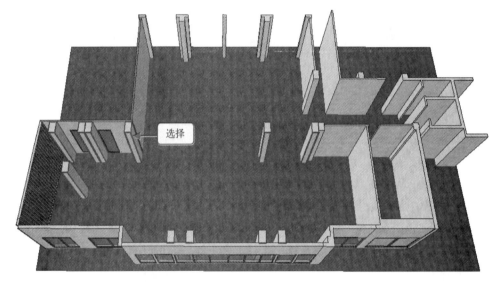

图 10-55　选择酒店大堂内的墙柱

第02步：在"材料"对话框中单击"样本原料"按钮 ✐，在栅栏或门上单击吸附材质，如图10-56所示。

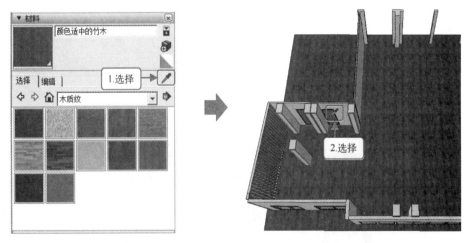

图 10-56　吸附材质

第03步：将鼠标光标移到任一墙柱上单击，一次性赋予所有墙柱材质，如图10-57所示。

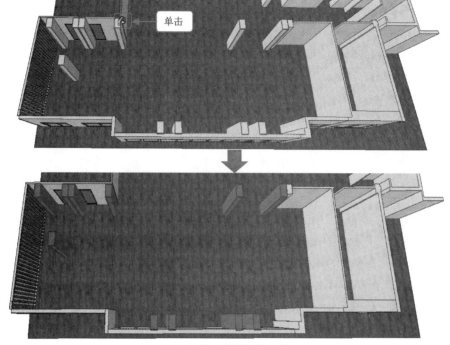

图 10-57　赋予墙柱材质

10.5　为酒店大堂添加家具

在本例中为了方便读者的操作，已为读者准备好成套的家具，只需将其导入放置到酒店大堂里即可，具体操作如下。

第 01 步：打开"素材文件/第 10 章/中式酒店大堂 10．skp"文件，单击"文件"菜单，选择"导入"命令，在打开"导入"对话框中单击文件类型下拉按钮，选择"Sketchup 文件（＊．skp）"选项，如图 10-58 所示。

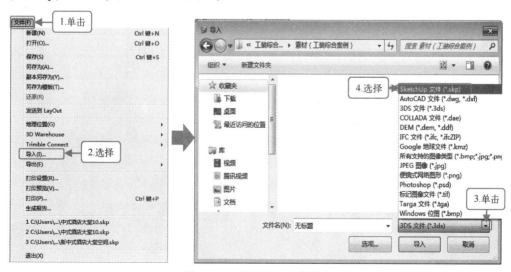

图 10-58　设置导入文件类型

第 02 步：选择"家具"选项，单击"导入"按钮，在酒店大堂单击放置家具模型，如图 10-59 所示。

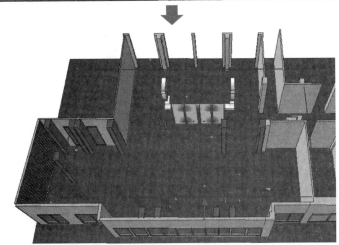

图 10-59 导入家具模型

第 03 步：按〈M〉键启用"移动"工具，移动家具模型到合适位置，如图 10-60 所示。

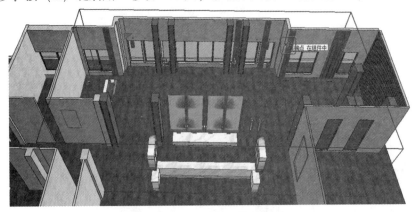

图 10-60 移动家具模型位置

10.6 制作顶棚

在本例中添加的顶棚分为3种：一是简单顶棚，二是复杂顶棚（大堂和大厅顶棚）、三是酒店顶棚。下面分别进行讲解。

10.6.1 制作简单顶棚

本例中简单顶棚的制作方法如下。

第01步：打开"素材文件/第10章/中式酒店大堂11.skp"文件，按〈L〉键启用"直线"工具，沿着墙体绘制平面，如图10-61所示。

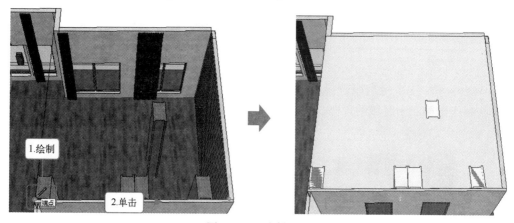

图10-61 绘制平面

第02步：按〈P〉键启用"推/拉"工具，将鼠标光标移到绘制的面上，向下推拉出一定厚度，制作出第一个区域的顶棚，如图10-62所示。

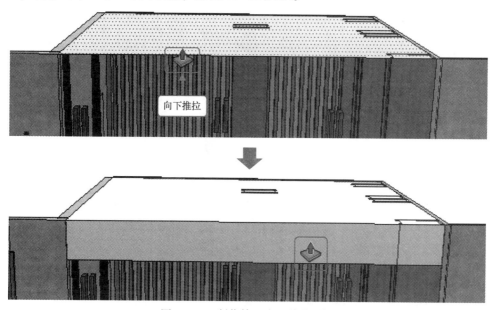

图10-62 制作第一个区域的顶棚

第03步：按〈R〉键启用"矩形"工具，沿着墙体绘制矩形（完全遮盖），如图 10-63 所示。

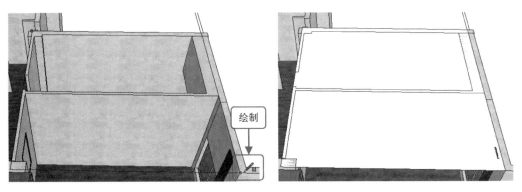

绘制

图 10-63　绘制矩形

第04步：按〈P〉键启用"推/拉"工具，将鼠标光标移到绘制的面上，向下推拉出一定厚度，制作出第二个区域的顶棚，如图 10-64 所示。

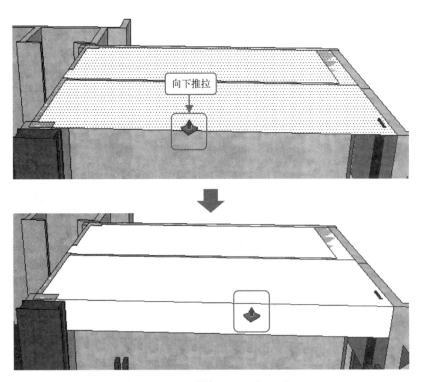

向下推拉

图 10-64　制作第二个区域的顶棚

第05步：使用上述的方法制作其他区域简单的顶棚，如图 10-65 所示。

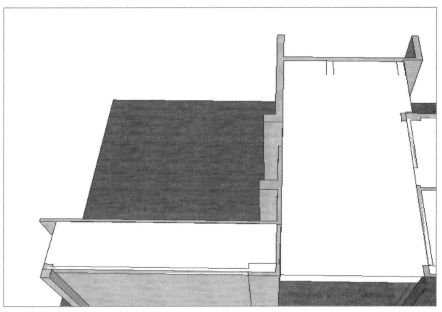

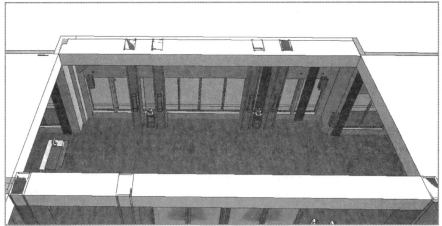

图 10-65　绘制其他区域简单的顶棚

10.6.2 制作复杂顶棚

本例中复杂顶棚主要是大厅顶棚。下面分成两部分分别进行讲解。

1. 添加大堂顶棚

第 01 步：打开"素材文件/第 10 章/中式酒店大堂 12. skp"文件，按〈R〉键启用"矩形"工具，沿着墙体绘制矩形，如图 10-66 所示。

第 02 步：按〈F〉键启用"偏移"工具，对绘制的矩形边线向内偏移，如图 10-67 所示。

第 03 步：选择偏移后形成的矩形面，按〈Delete〉键将其删除，如图 10-68 所示。

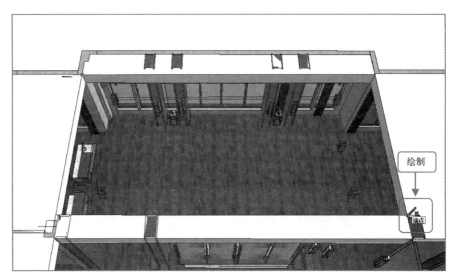

图 10-66　绘制矩形

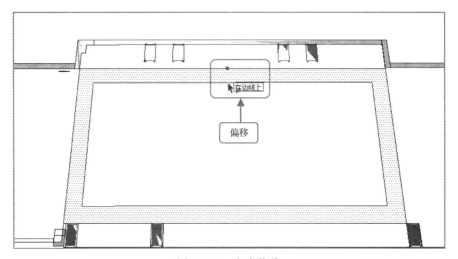

图 10-67　向内偏移

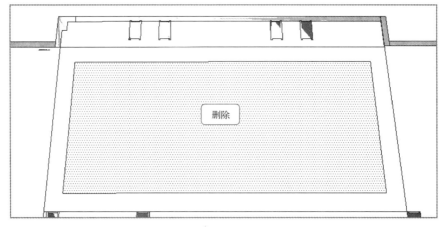

图 10-68　删除偏移后形成的矩形面

第 04 步：选择剩余后的截面，并在其上单击鼠标右键，在弹出的快捷菜单中选择"创建群组"，如图 10-69 所示。

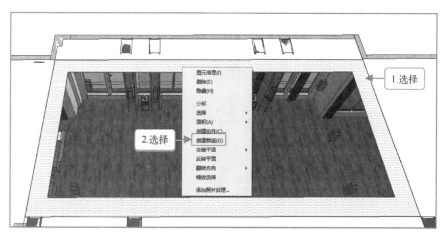

图 10-69　将剩余的部分创建群组

第 05 步：使用"推/拉"工具制作立体模型，然后复制并移到顶棚的下端（模型下边线贴合顶棚下边线），如图 10-70 所示。

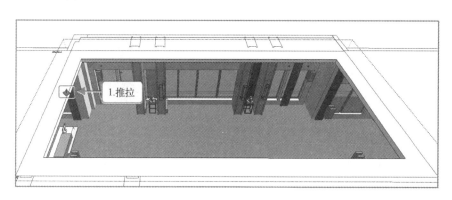

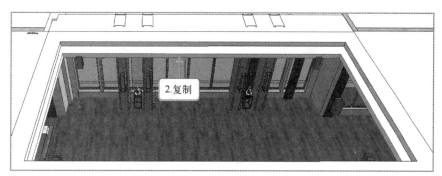

图 10-70　推拉制作立体模型后移动复制

第 06 步：双击上面的模型进入编辑状态，并使用"推/拉"工具将 4 个面分别向外推拉出一定长度，使其与下面模型形成一定的斜角，如图 10-71 所示。

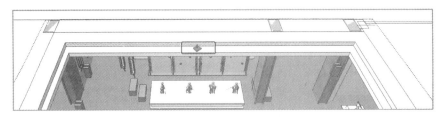

图 10-71　向外推拉形成一定的斜角

第 07 步：使用"卷尺"工具，分别绘制两条相交的参考线，作为斜杆模型绘制和放置的参考位置，如图 10-72 所示。

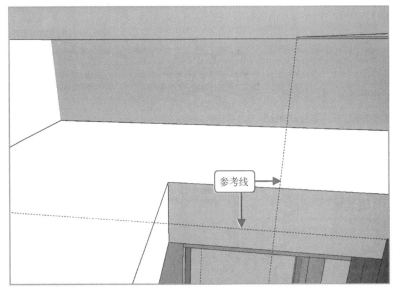

参考线

图 10-72　绘制相交参考线

第 08 步：按〈L〉键启用"直线"工具沿着参考线绘制闭合的面，如图 10-73 所示。

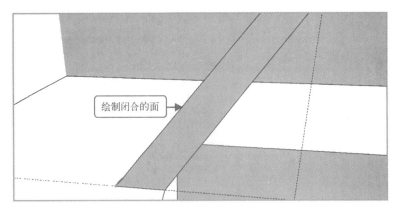

绘制闭合的面

图 10-73　绘制闭合面

第 09 步：使用"推/拉"工具将绘制的面制作成立体斜杆，如图 10-74 所示。

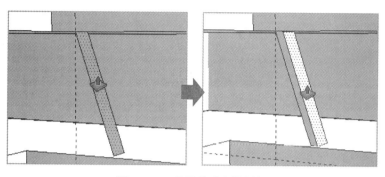

图 10-74　将面推成立体斜杆

第 10 步：3 击选择整个斜杆，然后在其上单击鼠标右键，在弹出的快捷菜单中选择"创建群组"命令，将其组合成一个整体，如图 10-75 所示。

第 11 步：按〈M〉键启用"移动"工具，按住〈Ctrl〉键的同时移动复制，然后输入" *96"，SketchUp 自动制作矩阵，如图 10-76 所示。

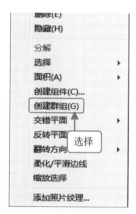
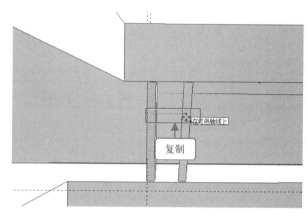

图 10-75　创建群组　　　　　　图 10-76　复制立体模型并制作矩阵

第 12 步：按住〈Shift〉键选择超出范围的斜杆模型，按〈Delete〉键将其删除，如图 10-77 所示。

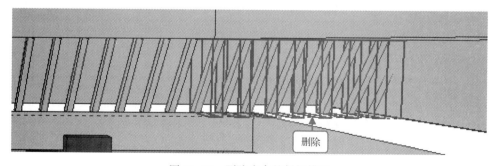

图 10-77　删除多余的斜杆模型

第 13 步：以同样的方法制作其他 3 面的斜杆（也可以通过复制，然后调整方向的方法制作），如图 10-78 所示。

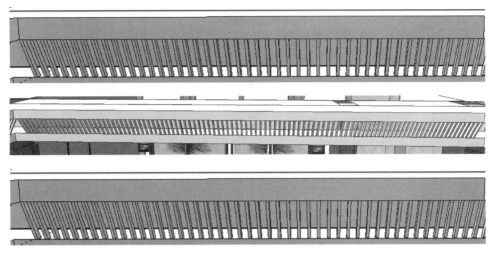

图 10-78 制作其他 3 面的斜杆

第 14 步：按〈R〉键启用"矩形"工具，绘制矩形，然后按〈F〉键启用"偏移"工具，向内偏移边线，如图 10-79 所示。

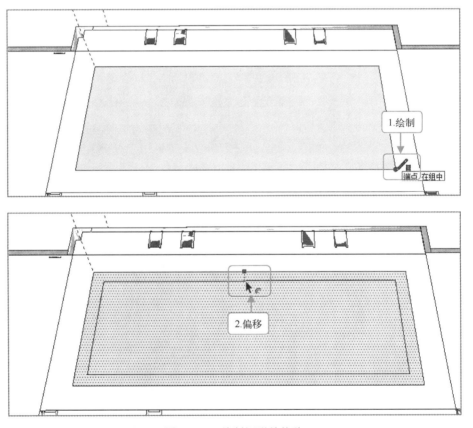

图 10-79 绘制矩形并偏移

第 15 步：选择偏移后的矩形面，按〈Delete〉键将其删除，如图 10-80 所示。

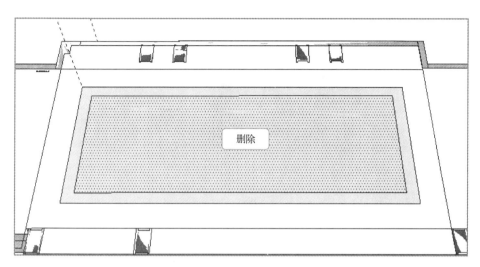

图 10-80　删除偏移后的矩形面

第 16 步：使用"推/拉"工具将剩下区域向下推拉出一定厚度与已有的顶板模型厚度一致，然后将其组合成群组，如图 10-81 所示。

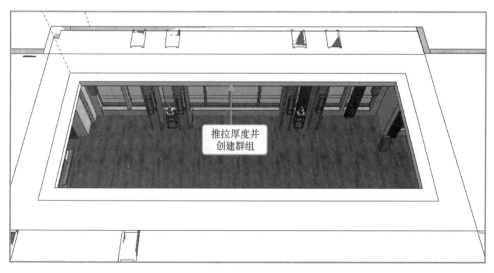

图 10-81　向下推拉并创建群组

第 17 步：按〈R〉键启用"矩形"工具，绘制矩形作为木条面，然后向下推拉厚度并创建群组，如图 10-82 所示。

第 18 步：按〈M〉键启用"移动"工具，按住〈Ctrl〉键的同时，将第一根木条模型移动复制到左侧合适位置，然后输入"/5"，SketchUp 自动制作一组间隔相同的木条模型组，如图 10-83 所示。

第 19 步：使用同样的方法制作另外一组模型条，如图 10-84 所示。

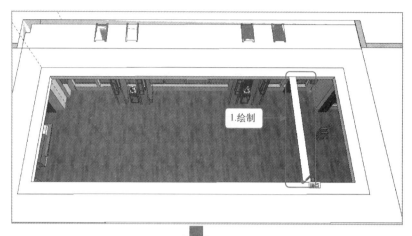

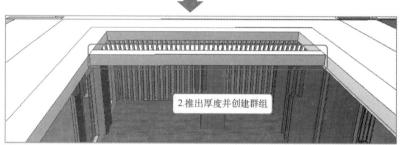

图 10-82　制作第一根木条

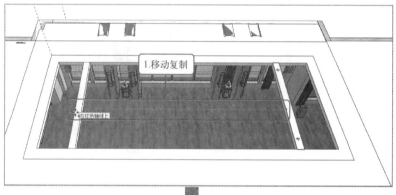

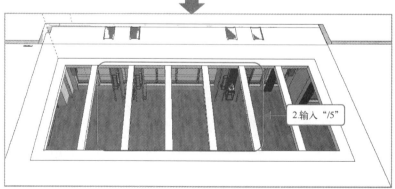

图 10-83　制作其他木条模型

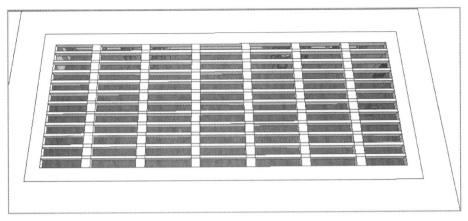

图 10-84 制作另外一组模型条（添加横条模型）

2. 添加大厅顶棚

第 01 步：打开"素材文件/第 10 章/中式酒店大堂 13.skp"文件，按〈R〉键启用"矩形"工具，沿着墙体绘制矩形，然后向下推拉出与相邻顶棚一致的厚度，如图 10-85 所示。

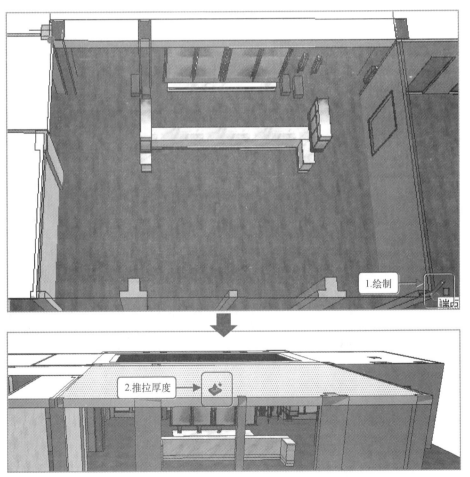

图 10-85 绘制顶棚矩形并推拉出厚度

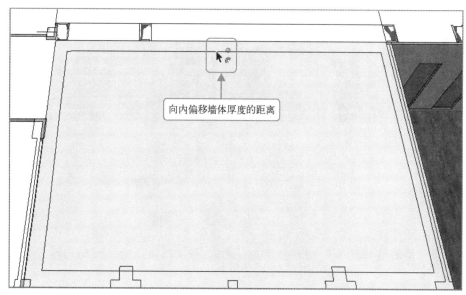

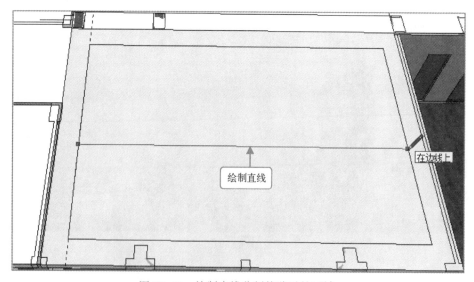

第 02 步：按〈F〉键启用"偏移"工具，将边线向内偏移墙体厚度的距离，如图 10-86 所示。

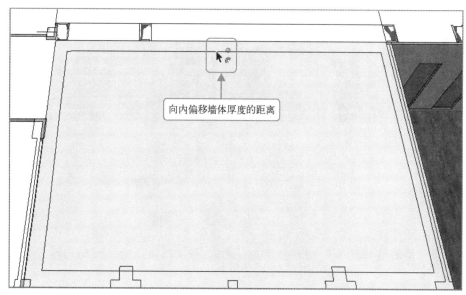

图 10-86　向内偏移边线

第 03 步：按〈L〉键启用"直线"工具，绘制直线将偏移后得到的区域分割为两部分，如图 10-87 所示。

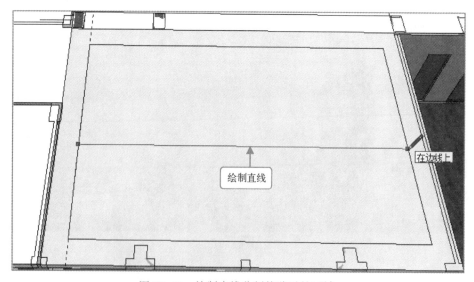

图 10-87　绘制直线分割偏移后的区域

第 04 步：绘制矩形，然后使用"推/拉"工具将矩形外围的区域推掉，如图 10-88 所示。

第 05 步：调整视图角度和显示比例，使用"矩形"工具绘制矩形，如图 10-89 所示。

第 06 步：使用"偏移"工具向内偏移，然后选择偏移后的面，按〈Delete〉将其删除，如图 10-90 所示。

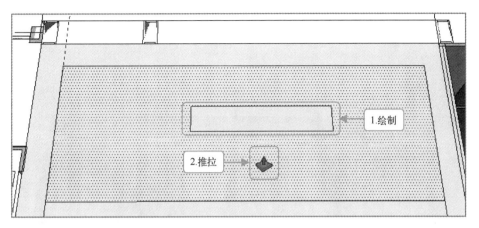

图 10-88 制作孤立矩形

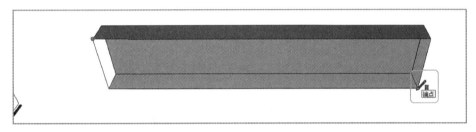

图 10-89 绘制矩形

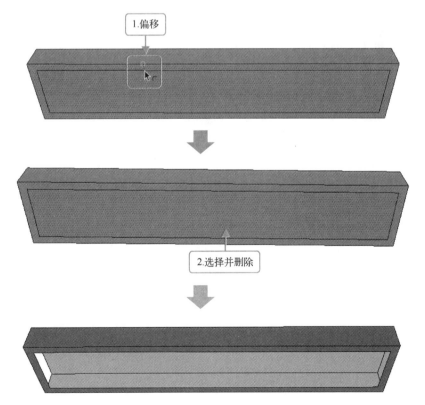

图 10-90 制作底部面

第 07 步：使用"矩形""推拉"工具，制作第一根模型条并创建群组，如图 10-91 所示。

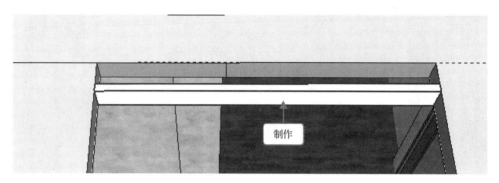

图 10-91 制作模型条

第 08 步：使用同样的方法制作其他模型条，如图 10-92 所示。

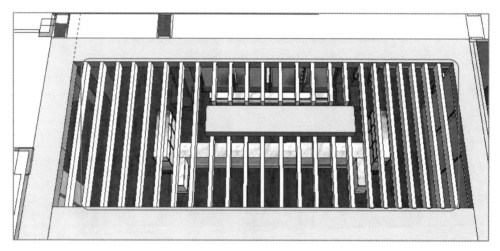

图 10-92 制作其他模型条

10.6.3 制作酒店顶棚

在本例中由于已有地板模型，要制作整个酒店的顶棚，可将地板模型复制，然后推拉一定厚度，并赋予与墙体一样的材质即可，具体操作如下。

第 01 步：打开"素材文件/第 10 章/中式酒店大堂 14. skp"文件，双击进入群组编辑态，选择整个地板，按〈M〉键启用"移动"工具，按〈↑〉键，然后按住〈Ctrl〉键的同时向上移动复制地板模型，制作成酒店顶棚模型，随后推拉合适厚度，如图 10-93 所示。

第 02 步：选择酒店顶棚模型，在"材料"对话框中单击 ✎ 按钮，然后将鼠标光标移到任一墙体上吸附材质，如图 10-94 所示。

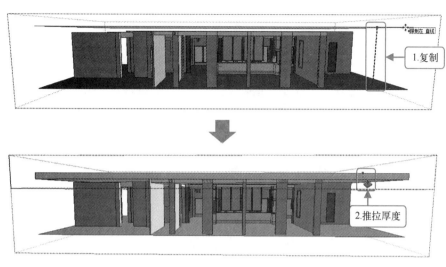

图 10-93 制作整个酒店顶棚

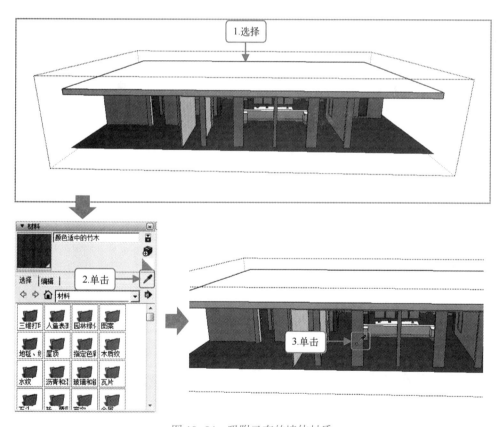

图 10-94 吸附已有的墙体材质

第 03 步：将鼠标光标移到酒店顶棚模型顶面上单击，赋予吸附的材质，如图 10-95 所示。

第 04 步：以同样的方法，再对酒店顶棚底面赋予墙柱的材质，效果如图 10-96 所示。

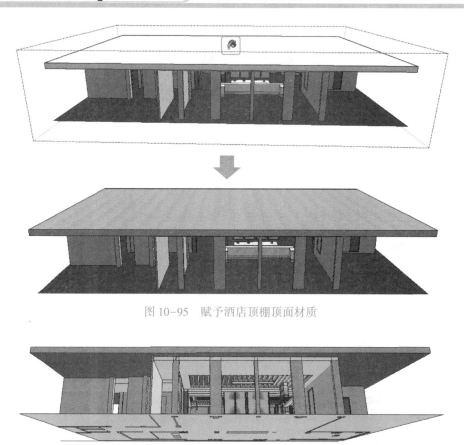

图 10-95　赋予酒店顶棚顶面材质

图 10-96　赋予酒店顶棚底面材质

10.7　添加背景墙和视觉场景

在本例中为酒店添加一面类似水墨画的背景墙，以增加酒店的视觉感受和文化底蕴（赋予 SketchUp 中自带的水墨画材质）。同时，为了更直观和更方便查看酒店大堂的展示效果，可添加场景并设置相机。

10.7.1　添加背景墙

第 01 步：打开"素材文件/第 10 章/中式酒店大堂 15. skp"文件，按〈L〉键启用"直线"工具绘制封闭面。选择面，使用"推/拉"工具推出与墙体一致的高度，如图 10-97 所示。

第 02 步：在"材料"面板中单击◙按钮，打开"模型中的样式"面板，选择"01-De-fault123"材质，然后将鼠标光标移到背景墙模型上单击，赋予材质，如图 10-98 所示。

第 03 步：在"编辑"选项卡，设置"纹理"参数长宽分别为 25000，将背景墙水墨画显示出来，如图 10-99 所示。

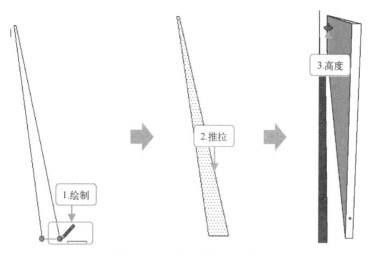

图 10-97 制作背景墙模型

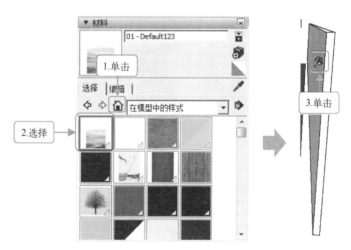

图 10-98 赋予模型中自带的水墨画材质

图 10-99 调整材质纹理参数让其显示正常

10.7.2 添加视觉场景

在本例中添加的视觉场景的主要操作是视图，视角的切换和设置以及场景的添加，具体操作方法如下。

第 01 步：打开"素材文件/第 10 章/中式酒店大堂 16.skp"文件，单击"视图"菜单，选择"显示模式"→"线框显示"命令，如图 10-100 所示。

第 02 步：单击"相机"菜单，选择"标准视图"→"顶视图"命令，切换到顶视图，如图 10-101 所示。

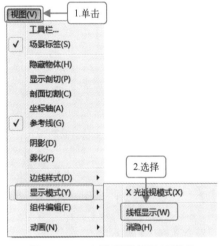
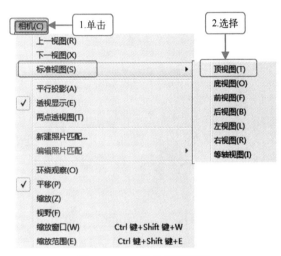

图 10-100　切换到线框显示模式　　　　图 10-101　切换到顶视图

若已指定视图切换的快捷键，可直接按对应的快捷键进行切换，如笔者设置是〈T〉键。

第 03 步：在"大工具集"面板中单击"定位相机"图标按钮，然后输入 1500，在模型中添加视觉切入点，如图 10-102 所示。

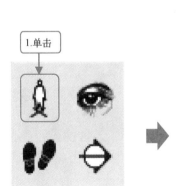
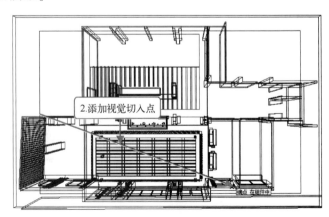

图 10-102　添加视觉切入点

第 04 步：单击"视图"菜单，选择"显示模式"→"贴图"命令，然后单击"相机"菜单，选择"两点透视图"命令，如图 10-103 所示。

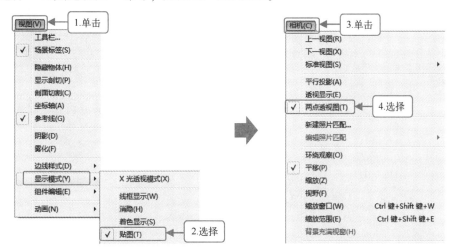

图 10-103 切换到"贴图"模式并开启两点透视

第 05 步：调整视觉角度、高度和距离，如图 10-104 所示。

图 10-104 调整视觉角度、高度和距离

第 06 步：在"场景"上单击鼠标右键，在弹出的快捷菜单中选择"更新"命令，保存当前所有设置，完成整个操作，如图 10-105 所示。

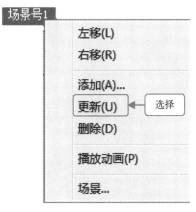

图 10-105 保存当前设置